누구나 알 수 있는

에너지 환경문제 실험교실

감 수 _ 한국대기환경학회
지은이 _ 마창진

도서출판 대학서림

「누구나 알 수 있는 에너지·환경문제 실험교실」의 추천사

이 책의 저자인 마창진 교수님은 일본 교토대학에서 박사학위를 취득하고 현재 일본 후쿠오카여자대학에 재직하면서 대기환경과 관련하여 많은 연구논문을 국제학술지에 게재한 바 있습니다. 또한 한국대기환경학회에서도 다수의 우수한 논문을 게재한 공로로 학술상을 비롯한 많은 상을 수상하셨습니다. 일찍이 에너지·환경 교육의 중요성을 인지한 마 교수께서 연구시간 일부를 할애하여 학생과 일반인을 위한 「에너지·환경 실험교실」을 이와 같이 펴내게 된 것에 대하여 한국대기환경학회를 대표하여 축하드립니다.

우리나라 경제는 급성장하여 선진국 대열에 합류하고 있으나 환경과학에 대한 학생과 일반인들의 인지도는 개발도상국 수준이며, 최근까지도 모든 환경문제를 과학적 이성이 아닌 사회적 감성으로 해결하고 있습니다. 이는 환경과학에 대한 지식과 정보를 정확하게 분석하고 인지하려는 노력과 환경교육에 대한 효율적인 교수법 개발이 부족하기 때문이라고 생각합니다. 비록 학교현장에서는 환경교육에 대한 커다란 열정과 관심을 가지고 있지만 각기 스스로 개발한 환경교육 방법론에 만족하지 못하고 있습니다.

환경에 대한 올바른 인식과 태도는 교육을 통해 형성됩니다. 만약 환경교육이 강의 중심의 지식위주로 치우친다면 학습효과는 낮게 나타날 수밖에 없습니다. 호기심을 자극하는 체험을 통해 환경과 자연을 이해하면서 사고의 범위를 넓혀갈 수 있으며 이를 통해 환경에 대한 올바른 태도와 가치관을 스스로 습득할 수 있습니다. 이러한 이유로 체험학습이 바람직한 교육방법이라고 생각하고 있으나 이 역시 여러 가지 제약으로 어려움을 겪고 있습니다. 또한 최근 10여 년 동안 체험학습과 관련한 많은 교재와 교수법이 발전을 보이고 있지만, 여전히 야외 생태에 관한 수동적 학습이 주를 이루고 있어 환경과학기술이 접목된 능동적 학습은 결여되어 있습니다.

진정한 녹색기술은 국민의 환경권 보호를 위해 지역규모의 대기환경 개선에서부터 시작하지만 지구규모에 대한 개선 노력도 게을리 하지 않아야 합니다. 이는 실내규모 공기오염부터 도시규모, 광역규모, 지구규모까지 하나의 선순환 구조이기 때문입니다. 이 책은 대기환경 개선을 위한 제반 해법을 에너지 분야에서 찾고 있는데, 화석연료와 자원을 효율적으로 사용할 목표를 설정하고, 궁극적으로 청정에너지 사용, 에너지 효율증대 및 절약, 자원의 재이용 및 재순환 등의 방안들을 제시하고 있습니다. 이러한 해법을 통해 환경성, 경제성, 사회성 측면에서 지속가능한 시스템이 구축되고 유지된다면 비로소 환경보전과 환경교육의 최종 목표가 달성 될 수 있습니다.

전술한 여러 가지 관점에서, 이 책은 학생과 일반인들을 대상으로 에너지 분야를 포함하여 전반적인 대기 환경과학의 원리를 알기 쉽게 설명하고 있습니다. 또한 실제 체험 가능한 실험도구를 직접 제작하고 자연과 환경을 학습할 수 있도록 많은 지면을 할애하고 있습니다. 이 교재에서 제시한 실험과 체험 프로그램이 환경교육과 연계되어 활용된다면, 학생들과 일반인들의 환경감수성과 선생님들의 환경교육에 대한 의욕도 증진 될 것으로 생각하며 또한 환경교육산업의 발달에도 도움이 될 것으로 생각합니다.

2015. 4. 21

(사)한국대기환경학회

회장 김동술

머릿말

최근 연일 환경이나 지구온난화에 대한 기삿거리가 쏟아지는 것은 환경보전에 대한 관심이 높아졌음을, 관심이 필요함을, 나아가 환경문제가 심각함을 알리는 신호이다. 이러한 환경문제를 해결하기 위해서는, 그림 1에 제시한 바와 같이 생 · 물리학적 환경과 그에 관련된 문제들에 대한 식견을 갖고, 문제들을 해결하도록 하는 방법을 인식하고, 문제해결을 위해 행동할 수 있도록 동기화된 시민을 양성하는 것을 목적으로 하는 환경교육이 필요하다.

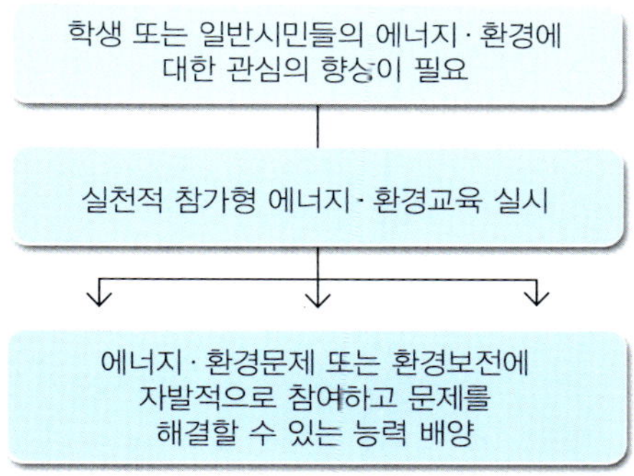

그림 1. 참가형 에너지 · 환경교육의 필요성 및 목적

환경교육은 환경보전뿐만 아니라 인간과 환경의 상호관련성, 환경문제 발생에 대한 책임인식, 유한한 자원의 올바른 이용과 보전에 대한 노력을 목적으로 한다.

환경교육의 극대화를 위해서는, 학습자의 주도와 행동에 대한 참여에 초점을 맞추고, 이론적 주입식 교육을 피하고, 학습자 스스로 문제를 인식하고 주체적으로 참가할 수 있는 교육 프로그램이 필요하다. 이러한 극대화된 환경 교육을 위해서는, 지금까지 주로 이루어져왔던, 자연학습 및 탐방과 같은 현장 환경학습도 중요하지만, 학습자가 손쉽게 다룰 수 있고 원리를 쉽게 이해할 수 있는 구체적인 환경교육 교구가 절대적으로 필요하다고 할 수 있다.

이러한 배경으로 본 참가형 에너지 · 환경교육에서는, 보다 효율적인 기초 환경교육을 목적으로, 초등학교 저학년부터 성인에 이르기까지 폭넓은 학습자를 대상으로, 생활 주변에서 손쉽게 얻을 수 있는 재료를 이용하여, 학습자 자신이 직접 제작 가능한 간이적인 환경실험 모델장치를 제안하고, 피교육자가 직접 제작 및 실험에 참여하여, 에너지 환경문제의 본질을 이해할 수 있게 하는것에 그 목적이 있다.

그림 2. 참가형 에너지 · 환경교육의 프로세스

목 차

제1장 에너지를 사용하면 환경에 왜 안 좋은가?

제1장에서는 에너지 환경문제를 이해 하는데 필요한 개론적인 지식을 소개 하였다. 우선 우리들의 생활을 영유하는데 필수적인 에너지에 대해서 그 정의와 인간활동과의 관계를 설명하였다. 다음으로 에너지의 분류와 종류, 특히 화석연료인 석탄, 석유가 만들어지는 과정을 그림과 더불어 상세히 설명하였다. 또한 에너지 이용에 따른 환경부하 즉, 우리들의 생활이 환경에 미치는 영향에 대해서 산성비와 지구온난화를 예로 들어 소개하였다. 그리고 최근의 연구분야인 대기입자가 지구규모의 온도상승을 억제하는 원리를 설명하였다. 끝으로 대기오염이 건강에 미치는 영향에 대해서 설명하였다.

1.1 에너지란 무엇인가?

에너지(energy)라는 말은 그리스어 에르곤(ergon)에서 유래 되었으며 일을 할 수 있는 능력이라는 뜻이다. 그렇다면 일을 한다는 것은 무

것을 뜻하는 것일까? 무언가를 움직이거나 들어 올릴 때 필요한 힘 또는 그 능력을 의미한다.

옛날부터 사람들이 추위를 피하기 위해 불을 피웠고, 날고기를 익히기 위해 불을 사용한 것도 에너지를 이용하였다고 볼 수 있다. 지금 우리들은 일상생활을 유지하기 위해 많은 에너지를 사용하고 있고, 미래에는 보다 쾌적한 생활을 영유하기 위해 더 많은 에너지를 사용할 것이다.

에너지는 어떤 방법으로 일을 하느냐에 따라 여러 가지 다른 용어가 사용된다. 우리가 흔히 알고 있는 운동에너지, 위치에너지는 역학적에너지라고 한다. 그 외에도 에너지의 형태에 따라 빛에너지, 열에너지, 화학에너지, 전기에너지 등과 같은 용어를 사용한다. 또한 우리 인간들에게도 에너지는 존재한다. 몸을 움직일 때나 또는 꿈쩍하지 않고 있을 때에도 심장이 쉴새 없이 움직인다는 것은 음식물에 포함되어 있는 영양분이 우리 몸 안에서 에너지로 변하여서 일을 하고 있다는 의미이다. 인류와 에너지의 관계는 수 십 만년 전에 부싯돌을 사용하여 불을 사용하기 시작하면서부터라고 할 수 있다. 그 후 농경과 목축을 시작한 인류는 이동이나 수송에 가축과 풍력(범선)을 이용하거나, 곡물을 제분하기 위해 수력과 풍력을, 난방과 음식을 익혀 먹기 위해 불을 사용하여 왔다. 하지만 이때까지의 에너지의 소비량과 에너지의 이용 용도는 굉장히 제한적이었다.

인류는 18세기 후반 제임스와트가 증기기관을 개발하는 등 생활스타일의 변화와 발전을 통해 에너지 이용도를 점차 고도화, 다양화 시켜왔다. 19세기 후반에는 현재의 자동차의 엔진과 같은 피스톤식 내연기관이 탄생하여 자동차, 배, 건설기계, 농경용 장비 등으로 널리 보급되었다. 내연기관이란 석유로부터 만들어지는 가솔린 등의 연료를 기관 내부에서 연소시켜 이때 발생되는 열에너지를 이용하여 자동차 등을 움직이는 것이다. 또한 20세기에 들어서는 더 더욱 에너지 이용 용도의 확대에 의해 에너지 소비량도 증가하여 20세기 후반에는 새로운 에너지원으로 원자력과 재생 에너지가 개발되었다.

모닥불	풍차 · 마차등	증기기관	내연기관	원자력 · 재생 에너지
원시시대	산업혁명 이전	산업혁명 이후	근 대	현 대

[그림 1-1] 인간활동과 에너지의 관계

1.2 에너지에는 어떤 종류가 있는가?

에너지에는 어떤 종류가 있는 것일까? 우리들의 주위에 있는 에너지에 대해서 생각해보자. 우리들은 석유와 석탄, 천연가스 등의 에너지를 전기와 가스 등으로 사용하기 쉽게 변환하여 생활에 이용하고 있다. 자연계로부터 직접 얻을 수 있는 에너지를 1차 에너지, 변환과 가공을 통해 얻어진 전기와 도시가스 그리고 가솔린 등은 2차 에너지라고 한다.

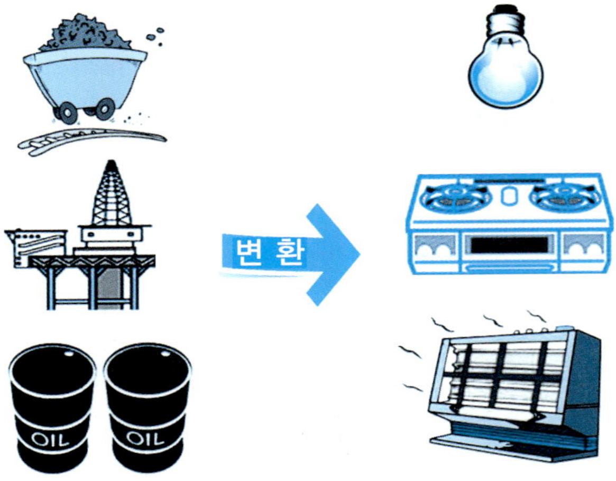

[그림 1-2] 1차 에너지와 2차 에너지

또한 에너지를 나누는 방법에는 여러 가지가 있으나, 대표적인 분류 방법은 화석연료와 비화석연료이다. 화석연료는 1억년도 더 전에 동물이나 식물의 사체가 지층이나 열의 변화 등으로 만들어진 에너지를 말하는데 여기에는 석탄, 석유 그리고 천연가스가 있다. 그렇다면 석탄과 석유는 어떻게 만들어 졌을까?

우선 석탄의 생성과정을 알아보자. 지구상에 울창했던 숲이 땅속에 묻혀 형성된 나무의 사체가 토사에 묻히면 미생물 들의 활동으로 썩어서 분해가 된다. 그 후 석탄의 주요 성분인 탄소가 농도가 높은 물질로 변하고 이것이 지면 밑에서 열과 압력을 받으면서 긴 시간에 걸쳐 석탄으로 변하는 것으로 알려져 있다[그림 1-3]. 석탄은 만들어지는 과정에서 탄소의 농도에 따라 그 이름이 다음과 같이 나누어진다.

1) 토탄 : 식물이 땅속에 묻힌 시간이 오래되지 아니하여 완전히 탄화하지 못한 석탄으로 탄소성분이 60% 정도이다.

2) 갈탄 : 갈탄은 석탄 중에서 가장 탄화도가 낮은 석탄으로 흑갈색을 띠며 탄소성분이 70% 정도로 낮기 때문에 원목의 형상·나이테·줄기 등의 조직이 육안으로 보이는 경우가 많다.

3) 역청탄 : 탄소성분이 85% 정도로 갈탄과 무연탄의 중간 과정이다.

4) 무연탄 : 탄소성분이 95% 정도이고 우리가 흔히 말하는 석탄이다.

[그림 1-3] 석탄이 만들어 지는 과정

한편 우리가 자동차의 연료나 겨울을 따뜻하게 보낼 수 있게 해 주는 보일러의 연료로만 흔히 생각하는 석유는, 원유와 그 가공 제품 전체를 말하며 이러한 석유는 옷이나 페인트, 의약품을 만드는 원료 등 우리

일상생활에서 다양하게 쓰이고 있다. 이렇듯 소중한 자원인 석유가 만들어지는 과정은 우선, 대륙붕에 플랑크톤과 여러 종류의 생물 사체가 흙이나 모래 등과 함께 쌓여 깊숙이 묻힌다. 이런 생물의 사체가 쌓이고 쌓여 오랜 기간 높은 지압과 지열에 의해 액체가 되어 한 곳에 모인다. 그 후 복잡한 화학 작용을 받으면서 석유로 변한다[그림 1-4].

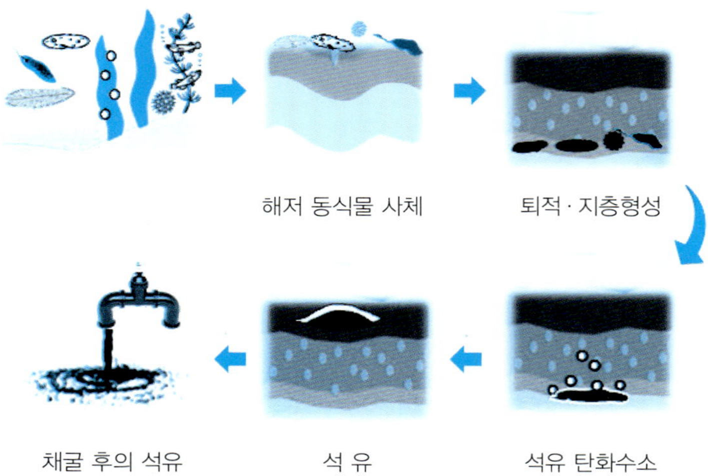

[그림 1-4] 석유가 만들어 지는 과정

이러한 석유는 옛날에는 지표에 스며 나온 원유가 의약, 종교의식, 접착제, 토건·조선·공예, 미이라의 보존 등에 약간씩 사용되었을 뿐이었다. 이후 석유가 인류 문명사에서 중요성을 갖게 된 것은 19세기 후반의 일로서 처음에는 주로 밤에 주위를 밝게 하기 위한 등불용이었다. 그 후 경제발전과 기술이 진보됨에 따라 용도가 다양해지고 중요성도 커져 갔으나 에디슨이 발명한 백열전등의 출현은 등불용으로서 석유를 밀어냈고 석유를 연료로 하는 내연기관이 잇달아 발명되어 석유소비의 증가를 가져오게 되었다.

채굴된 후의 석유를 원유라고 하는데 석유는 석탄과는 달리 유전에서 퍼낸 원유를 가열하여 증류, 정제공정을 거쳐 나프타, 가솔린, 경유 등 다양한 연료와 아스팔트 피치를 생산하게 된다. 구체적으로는 원유에서 끓는점에 따라 끓는점 30℃ 이하는 액화석유가스(LPG, Liquefied(액화) Petroleum(석유) Gas(가스))가 되고, 40 ~ 75℃는 휘발유, 150 ~ 240℃는 등유, 220 ~ 250℃는 경유, 350℃ 이상은 중유로 되며 그 외 찌꺼기는 아스팔트의 재료인 피치가 된다.

한편, 최근 쉐일오일(혈암유, shale oil)이 화재가 되고 있는데 이 쉐일 오일은 석유가 생성되는 퇴적암에서 추출되는 전통 원유와는 달리 점토층에 퇴적되어 형성된 쉐일층에서 추출되는 비전통 원유를 지칭하는 것으로 틈이 좁은 쉐일층에 존재하는 석유로 타이트 오일(tight oil)로도 불리며 탄소 함유량이 많고 황 함유량이 적은 경질유이기 때문에 라이트 타이트 오일(light tight oil)로 불리기도 한다.

현대문명은 석유화학 문명이라고 하여도 과언이 아닐 정도로 많은 제품이 원유를 원료로 하여 생산되고 있다. 석유화학 제품으로는 연료이외에도 합성세제, 의약품, 합성수지, 합성섬유, 화학조미료, 다이너마이트, 비닐, 필름, 우레탄, 스티로폼, 화장품, 윤활유, 접착제, 합성고무 등 셀 수 없이 많고 이러한 것들은 우리 생활에 뗄레야 뗄 수 없는 관계를 가지고 있으며 문명이 더욱 발달하고 경제규모가 커질수록 석유 소비량은 증가될 수 밖에 없을 것이다.

최근에는 에너지 변환기술을 통해 석유, 석탄 그리고 천연가스로부터 새로운 형태의 에너지를 창출해 내었는데 가스화연료인 액화석유가스(LPG) 그리고 액화천연가스(LNG, Liquefied(액화) Natural(천연) Gas(가스))가 그것이다. 우선 석탄가스화 기술에 대해서 알아보자.

석탄은 비교적 저렴하게 구입이 가능하므로 많은 발전소에서 연료로 사용되고 있다. 그러나 석탄 화력발전에서는 석탄의 성분인 탄소(C), 황(S), 질소(N)가 연소실에서 산화과정을 거쳐 가스상의 이산화탄소(CO_2), 황산화물(SOx), 질소산화물(NOx)을 배출시켜 지구환경에 나쁜 영향을 끼친다는 결점이 있다. 이러한 결점을 개선하고 발전효율을 크게 향상시킬 수 있는 기술이 바로 석탄가스화 기술이다. 석탄가스화 기술이란 마치 고구마를 삶는 것처럼 석탄을 증기로 연소시켜 열분해 반응을 통해 수소(H_2)와 일산화탄소(CO)를 주성분으로 하는 연료를 생성하는 기술이다. 연소 전의 석탄으로부터 여러 가지 성분을 분해시켜 연료로 쓰이는 가스 성분을 뽑아 냄으로써 석탄을 직접 연소시키는 것보다 쉽게 이산화탄소의 회수가 가능하다. 또한 석탄을 가스화 시킴으로써 얻어질 수 있는 또 한가지 이점이 있다. 석탄을 직접 연소시키는 것보다 가스화한 연료가스가 보다 고온에서 연소되는 것이다. 연료가 고온에서 연소 한다는 것은 발전효율이 높아진다는 것을 의미한다. 이러한 석탄으로부터 얻어지는 연료가스로 발전하는 방식은 이산화탄소의 분리회수와 발전효율을 향상시킬 수 있기 때문에 이산화탄소와 대기오염물질의 배출을 억제할 수 있는 기술로서 세계적으로 주목을 받고 있으며 현재 그 연구가 활발하게 진행되고 있다.

액화천연가스(LNG)는 프로페인(C_3H_8)과 부테인(C_4H_{10})을 주성분으로 하는 탄소와 수소의 화합물이다. LP 가스는 상온·상압에서 기체이지만 압력을 가하거나 냉각시키면 간단히 액체로 바뀐다. LP 가스는 액체로 변형되면 그 부피가 기체의 약 250분의 1로 줄어드는 특징이 있으므로 액체상태로 가정, 상점, LP 가스자동차, 공장 등으로 운반되어 기체로 변환되어 이용되고 있다.

또한 액화천연가스(LNG)는 메테인(CH_4)을 주성분으로 하는 기체를 영하 160℃ 정도까지 냉각시켜 액화시킨 것이다. 중동이나 인도네시아 등의 산지에서 액화되어 전용 탱크선박으로 소비지까지 운반된다. 우리나라에서는 주로 발전소의 연료나 도시가스로써 이용되고 있으며 석탄과 비교하면 이산화탄소의 배출량이 적고 황산화물(SOx)이나 매연이 거의 배출되지 않아 청정에너지라고 불려지고 있다.

반면에 비화석에너지로 원자력 에너지와 재생 가능 에너지가 있다. 우리 나라를 비롯한 여러 나라에서 화석연료의 의존도를 낮추기 위해 원자력 에너지의 이용을 증가시키고 있다. 이것은 화석 연료의 고갈에 대한 불안과 인류의 자연환경 보존에 대한 욕구의 증대로 앞으로 자원 의존형 에너지원에서 기술 의존형 에너지원으로의 변화가 요구되기 때문이다. 하지만 이러한 원자력은 에너지 효율도 높고 환경 오염의 문제도 어느 정도 해결할 수는 있지만 원자력의 원료인 우라늄 역시 매장량에 한계가 있고 또한 방사성 폐기물에 의한 환경오염과 폐기물 처리 문제는 끊임없는 분쟁과 논쟁을 일으키고 있다.

따라서 인간은 환경을 파괴하지 않으면서 자원의 고갈을 염려하지 않아도 되는 재생 가능 에너지에 관심을 갖게 되었다. 재생 가능 에너지란 석유, 석탄 등 유한한 자원인 화석 에너지와는 달리 태양광이나 풍력, 지열과 같이 자연계에 항상 존재하는 에너지를 말한다. 특징으로는 어디에든 존재하고, 이산화탄소를 배출하지 않고, 고갈 되지 않는다는 점이다. 그러나 많은 양의 에너지를 필요로 하는 곳에서의 에너지원으로는 부적합하고 효율성이나 경제성 등에서 아직은 해결해야 할 문제들이 많이 남아 있다.

[그림 1-5]에는 에너지의 종류와 분류를, [그림 1-6]에는 우리 주변의 여러 가지 에너지를 각각 나타내었다.

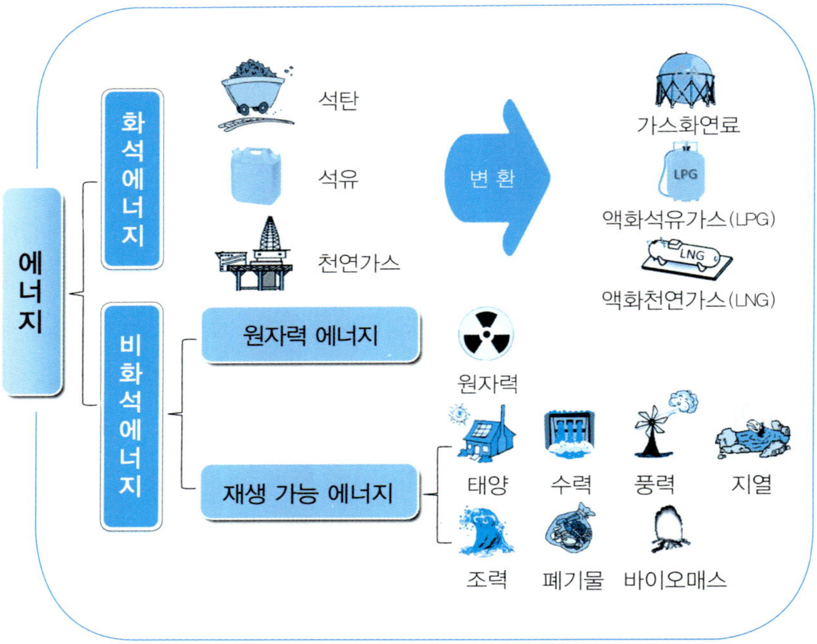

[그림 1-5] 에너지의 종류와 분류

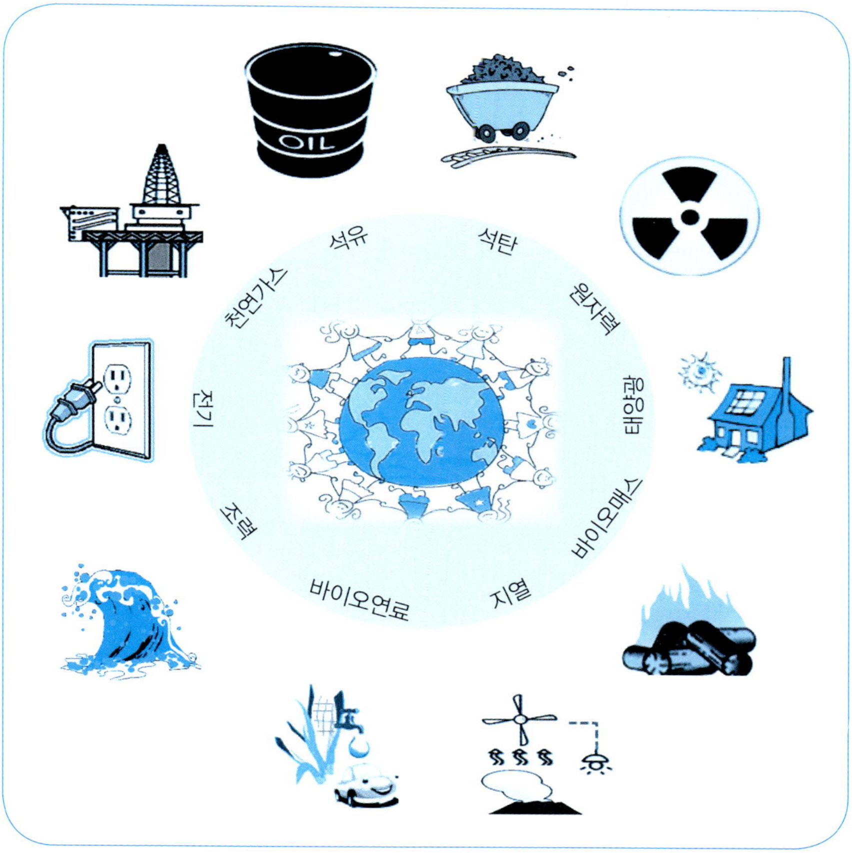

[그림 1-6] 우리 주변의 여러 가지 에너지

〈표 1-1〉에 여러 가지 재생 에너지의 장점과 단점을 요약하였다.

〈표 1-1〉 재생 에너지별 장단점

분 류	장 점	단 점
태양광	·친환경 ·햇빛이 비치는 곳이면 어디에나 설치가능 ·유지 비용이 저렴 ·소음과 진동 등이 없음	·에너지 밀도가 낮아, 많은 수의 태양전지를 설치할 공간이 필요 ·태양전지의 재료가 비싼 이유로 초기 설치 비용이 고가
바이오매스	·식물쓰레기를 회수하여 에너지로 전환하는 부가적인 유익한 효과 ·잠재적 에너지의 가치가 높음	·산림고갈의 우려 ·바이오매스의 생물학적 공정이 복잡
풍력	·친환경 ·건설 및 설치기간이 짧음	·발전이 간헐적 ·설치비가 고가
지열	·친환경 ·발전 비용이 저렴	·우리나라에는 적합지가 없음
조력발전	·친환경 ·양이 무한함 ·에너지 공급량이 규칙적	·수몰 지역 발생 ·해안 생태계에 영향 ·대규모 시설이 필요
파력발전	·친환경 ·양이 무한함 ·장소에 제약이 없음	·발전량에 비해 시설비가 비쌈 ·에너지 밀도가 적음 ·소비자와의 거리가 멈

참고 : 환경부, 에너지관리공단

1.3 에너지 사용에 따른 오염물질들은 어떤 종류가 있는가?

주로 난방이나 취사를 목적으로 소규모로 연료를 사용하였던 시기에는 오염물질의 배출량도 심각하지 않은 수준이었다. 그러나 지금은 산업의 발달과 그 규모의 증가로 인해 연료의 사용이 대규모화 되었고 더불어 운송수단의 발달과 그 범위 또한 광범위화 되어 산업현장 이외의 자동차 배출가스에 의한 오염물질의 배출량도 많아졌다.

[그림 1-7]에 오염물질의 발생과 대기로부터의 제거까지의 과정을 나타내었다.

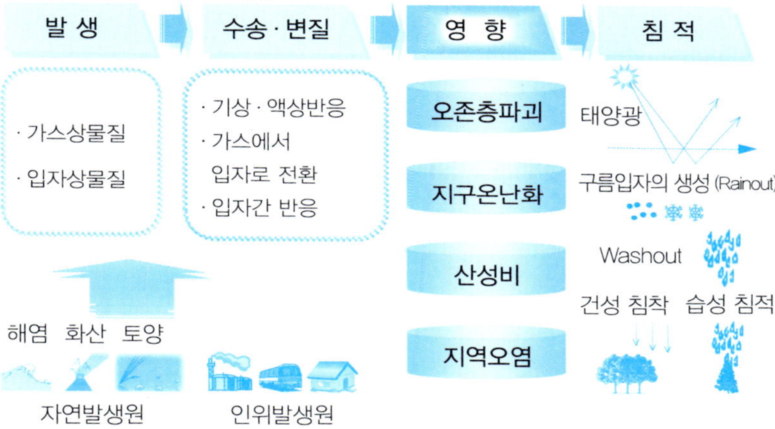

[그림 1-7] 대기오염물질의 발생과 침적과정

뿐만 아니라 이렇게 배출된 오염물질 들이 햇빛을 받고 광화학 반응을 일으킨다든지, 비나 안개와 결합하여 산성비 혹은 산성안개를 만들어 2차 오염 현상을 일으키기도 한다.

대표적인 오염물질 들과 이들의 발생과정 및 특징을 소개하면 다음과 같다.

1.3.1 아황산가스

아황산가스(SO_2)는 석탄이나 석유 같은 화석연료에 함유 되어있는 유황성분이 연소과정에서 산화하면서 발생한다. 우리 나라에서는 가정용 무연탄과 공장 연료용 및 대형건물 난방용의 석유에서 많이 발생하고 자동차 배출가스에서도 일부 배출된다.

이러한 아황산가스는 대기 중에서 산화되어 삼산화황(SO_3)이 되고 사람의 호흡기 기관에 흡입되면 호흡기 세포를 파괴하거나 기능을 저해시킴으로써 저항력을 약화시킨다. 삼산화황은 또한 대기 중에서 물분자와 반응하여 산도가 높은 황산(H_2SO_4)으로 변하여 비나 구름 그리고 안개를 산성화시킨다든지 암모니아 가스(NH_3)와 화학반응을 하여 황산암모늄($(NH_4)_2SO_4$)이라고 하는 미세한 입자를 생성한다.

1.3.2 질소산화물

질소산화물(NOx)은 연료에 함유되어 있는 질소성분이 연소과정에서 산화하면서 발생한다. 하지만 대부분은 고온에서 연소할 때 공기 중의 질소가 산화하여 발생한다. 따라서 질소산화물은 고온의 연소 공정이 있는 자동차나 발전소, 그리고 대규모 공장의 연소시설 등에서 많이 발생한다.

배출가스 중에 포함되어 있는 질소산화물로는 일산화질소(NO)와 이산화질소(NO_2)가 있다. 이러한 질소산화물은 물에 녹으면 산도가 높은 질산(HNO_3)이 된다. 따라서 그 피해는 황산화물과 비슷하다.

1.3.3 일산화탄소

일산화탄소(CO)는 연소과정에서 연료에 함유되어 있는 탄소를 충분히 산화시킬 수 있는 산소가 부족하게 공급되어 불완전 연소의 결과로 발생한다. 따라서 효율이 낮은 소규모의 연소장치, 즉 가정에서 연료로 사용하는 연탄과 자동차에서 많이 발생한다. 일산화탄소는 식물에는 피해가 거의 없으나 인체나 동물에는 일산화탄소가 혈액 중의 헤모글로빈과 결합하여 일산화탄소 중독에 따른 산소 결핍증을 일으킨다.

1.3.4 탄화수소

탄화수소(HC, Hydro Carbons)는 연료의 불완전 연소의 생성물로 발생하는 주로 탄소와 수소로 구성된 화합물의 총칭이다. 주로 자동차 배출가스와 무연탄의 연소에서 많이 발생한다. 자동차 배출가스에 포함되어 있는 탄화수소 화합물들 중 벤조파이렌 등은 발암물질로 많이 알려져 있다. 또한 탄화수소 화합물은 태양광 중 자외선을 받아서 광화학 반응을 일으켜 광화학 스모그를 만들기도 한다.

1.3.5 먼지(부유분진)

먼지, 즉 부유분진(SPM, Suspended Particulate Matter)은 연료 중에 타지 않은 재 성분이 있어서 연소 후에 배출가스를 통하여 배출되기도 하고 연료의 불완전 연소로 인하여 발생하기도 한다. 일반적으로 대기 에어로졸입자 또는 대기에어로졸(Atmospheric Aerosol)이라고도 불린다. 입자의 입경이 10 ㎛(마이크로미터, 1000분의 1밀리미터) 이하의 미세먼지를 PM_{10}(Particulate Matter Less than 10 ㎛)이라 하고, 입경* 이 2.5 ㎛ 이하인 경우는 $PM_{2.5}$라고 쓰며 '초미세먼지' 라고 부른다.

* 입자상 물질에서 입경의 크기는 직접적으로 측정한 길이가 아니고, 공기의 흐름상 관성과 관련된 것으로 공기역학적 지름이라고 한다. $PM_{2.5}$는 공기 역학적 지름 2.5 ㎛ 이하의 입자를 말한다. 하지만 2.5 ㎛ 이하의 입자라 하더라도 2.5 ㎛ 이하의 입자만 100% 포함하고, 2.5 ㎛를 넘는 입자는 전혀 포함하지 않는다는 것은 아니다. $PM_{2.5}$는 채취 효율이 50%가 되는 공기역학적 지름이 2.5 ㎛가 되는 입자이다.

이러한 부유분진은 주로 자동차의 배출가스에 포함되어 있거나 산업 공정으로부터 발생한다. 그러나 우리나라에서는 인접 중국에서 국경을 넘어 비산해 온 분진이 대기 중 먼지의 상당부분을 차지한다. [그림 1-8]에 여러 가지 종류의 대기 에어로졸을 나타내었다.

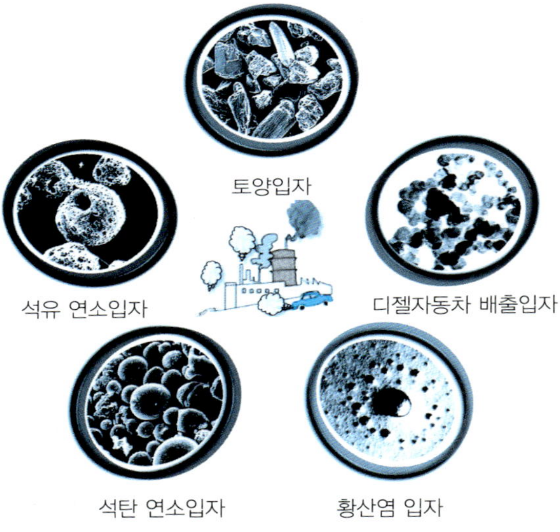

[그림 1-8] 여러 가지 종류의 대기입자(에어로졸)

부유분진은 호흡에 의해 인체에 흡입되어 호흡기계나 순환기계의 질환을 초래하기도 한다. 이외에도 햇볕을 산란시켜 가시거리를 감소시키거나 세탁물과 건물을 더럽히기도 한다.

1.4 지구적인 영향에는 어떤 것들이 있는가?

1.4.1 비에는 어떤 영향을 끼치는가?

앞에서 설명 하였듯이 석유나 석탄 등의 화석연료에 반드시 포함되어 있는 황(S)과 질소(N) 성분은 대기 중에서 화학반응을 거쳐 황산과 질산으로 변한다. 이러한 강산성 물질이 구름입자에 녹아 들고 구름입자가 성장해 산성화된 빗방울이 되어 낙하하는데 이러한 비를 산성비라고 한다. 또한 낙하하는 빗방울에 대기 중에 있는 산성물질들이 흡수되어 빗방울의 pH를 낮추기도 한다. [그림 1-9]에 산성비가 되는 과정을 나타내었다.

[그림 1-9] 산성비가 되는 과정

산성물질이 지상에 침착되는 과정은 비나 눈 등에 흡수되어 낙하하는 경우와 미세입자와 가스로써 지표면이나 수면에 침착하는 경우가 있다. 일반적으로 앞에서 말한 것을 습성 침착이라고 하고, 나중에 말한 것을 건성 침착이라고 한다.

여기서 pH의 의미를 알아보자. 산성이나 알칼리성(염기성)이라고 하는 액체의 성질을 나타내는 pH는 라틴어로 pounds Hydrogenii이고 pounds는 중량을 의미하고, Hydrogenii는 수소를 의미한다. 수소이온지수라고도 불리워지는 pH는 0 에서 14 까지의 수치로 나타내어지며, 7이 중성을 의미한다. H가 7보다 적으면 적을수록 보다 강한 산성이라고 말할 수 있다. 마찬가지로 pH가 7보다 크면 클수록 보다 강한 알칼리성이라고 할 수 있다. [그림 1-10]에 우리 주변에 있는 여러 가지 물질에 대한 대략의 pH를 나타내었다.

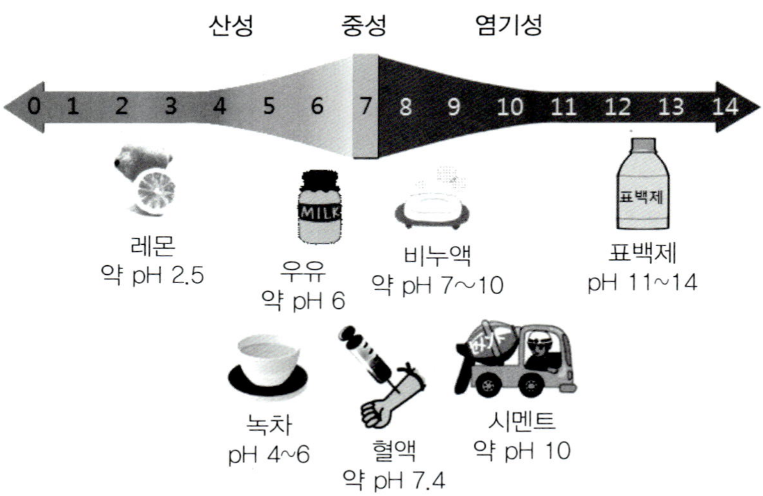

[그림 1-10] 우리 주변에 있는 물질의 pH

그렇다면 왜 pH 7 이하의 비를 전부 산성비라고 하지 않는 것일까? 그것은 대기 중의 이산화탄소의 영향을 고려하기 때문이다. 자연계의 대기에는 약산성의 가스인 이산화탄소가 약 0.036% 포함되어 있어 이 이산화탄소가 비에 녹으면 [그림 1-11] 산성을 나타내는데 그 때의 pH는 약 5.6가 된다.

따라서 인간활동에 의한 대기오염이 없었을 때에도 비의 pH는 5.6이라고 여겨져서 pH 5.6 이하의 비를 산성비라고 한다.

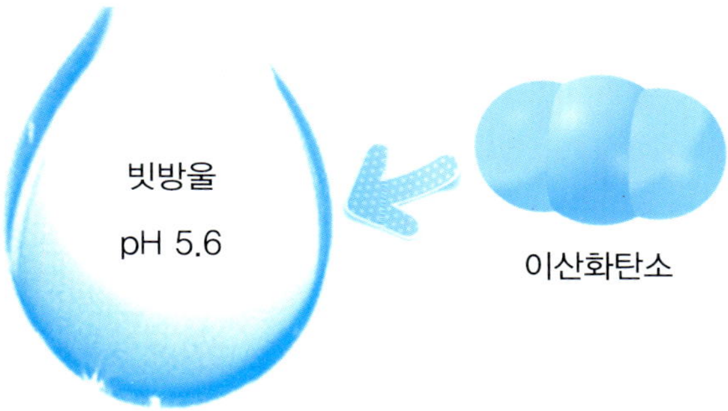

[그림 1-11] 자연계에서의 빗물의 pH

pH는 산성비를 조사할 때 중요한 지표가 되지만 생태계나 건축물 등에 미치는 영향은 pH의 수치 만으로 평가할 수는 없다. pH는 산과 알칼리(염기)의 균형으로 결정된다. 즉, 원래 비가 질산이나 황산 등을 많이 함유해서 pH가 낮아도 토양에 포함 되어 있는 칼슘 등의 알칼리성 물질을 많이 흡수하면 결과적으로 pH는 높게 된다. 한 예로서 중국 북부지역에는 황사 같은 토양입자의 영향을 받아 pH 수치는 그다지 낮지 않으나 빗물 중의 오염물질의 농도는 높을 것이라고 여겨지고 있다.

산성비는 도시나 공장지대의 국지적 환경오염과는 달리 보다 광범위하게 생태계를 파괴시키고 있다. 빗물 자체가 수목과 농작물의 잎을 파괴할 뿐만 아니라 흙 속의 영양분을 씻어가서 흙을 산성화시키고 척박하게 한다. 뿐만 아니라 산성화된 흙에 존재하는 알루미늄 금속이 도성을 띠게 되어 식물의 생존을 어렵게 만든다. 전 세계적으로 산성비는 처음에 유럽에서 관측되었으며, 계속해서 북미 지역에서 관측되면서부터 그 영향으로 삼림의 수목이 말라 죽는 등의 피해가 보고 되었다. 게다가 흙이 더 이상 알칼리성 광물질을 녹여 낼 힘이 없게 되면 땅 속을 흐르는 물 자체가 산성으로 변한다. 캐나다와 스칸디나비아 반도의 여러 나라에는 이미 수 천 개의 호수들이 이러한 현상으로 물고기들이 살지 못하는 환경이 되고 있다. 깨끗한 담수가 없이는 육상 생태계가 받는 피해는 치명적일 수 밖에 없다.

이러한 산성비는 그 원인물질인 대기오염물질이 장거리 수송되어 인접국에 산성비를 내리게 하는 이른바 월경 환경문제로 국제적인 대응책이 검토되어 왔다. 최근 현저한 경제발전의 영향으로 산성비 원인물질의 배출량이 증가하고 있는 동아시아 지역에서는 [그림 1-12]와 같이 산성비의 피해가 오염물질을 배출한 나라뿐만 아니라 인접국까지 확대되고 있다. 이러한 국경을 초월한 오염문제를 해결하기 위해서는 동아시아 지역에서도 산성비에 대한 현상 및 피해규모 조사 그리고 보상 등 국제적인 대책방안이 시급하다고 할 수 있다.

산성가스 → 대기 중 수분과 반응·이동 → 산성비가 되어 내림

[그림 1-12] 국경을 초월한 산성비의 피해

이러한 배경 하에 동아시아 지역에서도 2001년부터 동아시아 산성비 모니터링 네트워크(EANET)를 구축해 산성비에 대한 조사와 대책을 추진하고 있다. [그림 1-13]은 EANET에서 조사한 동아시아 지역에서 빗물의 pH 분포를 나타낸 것이다.

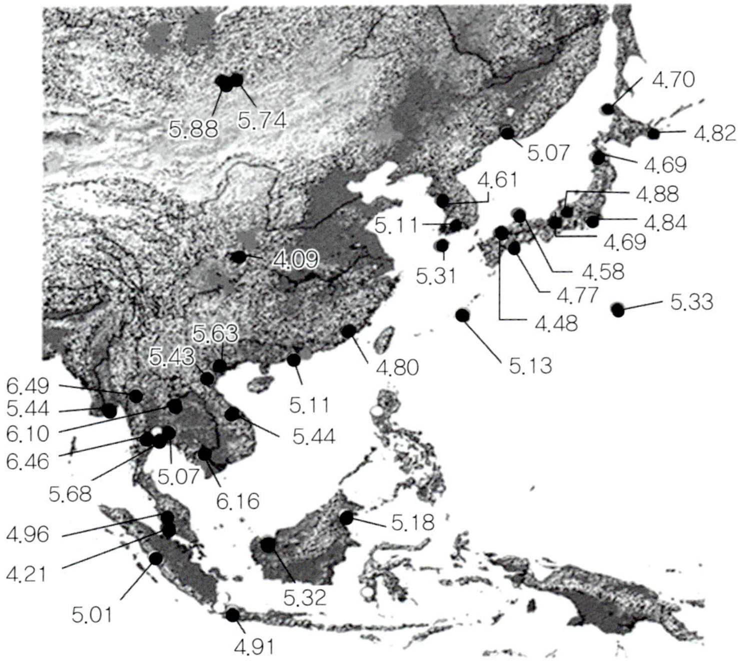

[그림 1- 13] 동아시아 지역에서 강수의 pH
(자료 : 동아시아 산성비 모니터링네트워크 (EANET) 자료)

[그림 1-13]에서 볼 수 있듯이 우리나라의 전역에 내리는 비가 산성비라는 것을 알 수 있다. 일본 또한 전 열도에 걸쳐 산성비가 내리고 있는 것으로 나타났다.

산성비 방지대책의 포인트는 SOx, NOx의 발생억제와 처리 그리고 SOx, NOx의 월경이동 방지를 들 수 있다. 월경이동 문제에 대해서는 국제적인 협력이 필요하고 발생억제에 대해서는 기술개발이 시급하다고 할 수 있겠다.

산성비에 의한 피해는 [그림 1-14]에 나타낸 바와 같이 여러 가지가 있다.

[그림 1-14] 산성비 피해의 예

하천과 강물의 pH가 5이하로 되면 어류에 영향이 나타난다고 알려져 있다. 연어과 어류는 pH가 6정도로 되면 회귀하여 산란하는 행동이 억제되고 pH 4.5 이하에서는 거의 서식을 할 수 없다고 알려져 있다. 식물과 농작물에 대한 영향은 SOx, NOx등에 의한 기공세포의 파괴와 더불어 엽록소의 손상이 진행되어 결국 잎이 떨어지게 된다. pH 5 정도가 되면 벼와 보리의 광합성작용이 저해되고, pH 4 정도에는 무와 당근의 수확량이 감소한다고 알려져 있다. 또한 pH 4.5 이하가 되면 간접적인 피해로 토양 중의 금속 성분이 용해되어 식물에 흡수되고 결국은 생육이 저해되면서 농작물의 수확량이 감소된다. 또한 콘크리트와 대리석,

그리고 철과 구리합금제 건축물의 부식의 원인도 된다고 한다. 해양에 대한 영향은 빗물 중에 포함 되어 있는 질소산화물의 유입으로 부영양화 현상이 나타나 적조를 발생시키기도 한다.

한편 산성비에 포함되어 있는 질산이온은 우리 몸 안에서 발암성인 니트로화합물(nitroso compound : R－N＝O 구조를 가진 유기화합물)로 변화되어 위암의 발생에 원인이 된다고도 보고되고 있다.

1.4.2 지구온난화와의 관계는 ?

지구의 기온을 결정하는 주요한 요인 중 하나는 태양으로부터 방사되는 에너지이다. 태양은 비교적 짧은 파장대역(주로 가시광선, 근적외선, 자외선)으로 에너지를 방사하고 있다. 태양으로부터 지구를 향해 방사되는 에너지 중에 약 30%는 구름이나 지표면에 의해 반사되어 남은 약 70%가 지구를 따뜻하게 한다.

지구 대기 중에는 온실가스라고 불리는 가스가 미량 포함되어 있다. 이 가스는 지구표면으로부터 방사되는 적외선은 흡수하지만 태양으로부터 방사되는 가시광선은 흡수를 잘 하지 못하는 성질이 있어 육지와 바다로부터 방사되는 적외선의 대부분이 이러한 온실가스와 구름에 흡수되어 다시 지구를 향해 방사하게 된다. 그 결과 태양으로부터 직접 받은 에너지보다 더 많은 에너지를 지구표면이 받게 된다. 이것을 온실효과(마치 유리나 비닐로 덮은 온실처럼 작용하는 현상)라고 한다[그림 1–15].

[그림 1-15] 온실효과의 메카니즘

온실효과가 없는 지구의 표면온도는 약 －19℃도 알려져 있다. 하지만 온실효과에 의해 세계 평균 지상온도는 약 14℃로 생물이 생명을 유지하는데 적절한 온도가 유지되고 있다. 원래 온실가스는 지구상의 생명체에 없어서는 안 되는 중요한 것이지만 그 농도가 필요 이상으로 증가하면 적정 온도를 초과하게 된다. 대표적인 온실가스로는 수증기(H_2O)와 이산화탄소(CO_2)이다. 많이 알려져 있지는 않지만 메테인(CH_4), 아산화질소(N_2O), 프론가스(수소불화탄소(HFCs), 과불화탄소(PFCs)), 오존(O_3)도 온실가스이다 〈표 1-2〉.

〈표 1-2〉 온실가스의 종류와 특성

온실가스	지구 온난화계수 (GWP)	대기중의 농도	성 질	용도 · 배출원
이산화탄소 (CO_2)	1	380 ppm	대표적인 온실가스	화석연료의 연소 등
메테인 (CH_4)	23	1.8 ppm	천연가스의 주성분	논, 매립지, 가축의 장내발효
아산화질소 (N_2O)	296	0.3 ppm	가장 안정된 질소화합물	연료의 연소, 농지 등
수소불화탄소류* (HFC)	수백~약1만		강력한 온실가스 오존층을 파괴하지 않는 프론가스	에어콘과 냉장고의 냉매, 스프레이, 반도체 세정
과불화탄소류* (PFC)	수천~약1만		강력한 온실가스 오존층을 파괴하지 않는 프론가스	반도체 제조, 용접
육불화황 (SF_6)	22,200	6 ppt	강력한 온실가스	전기절연체, 반도체 제조

* 프론류

대기의 대부분을 차지하는 질소(대기의 약 78%)와 산소(약 21%)는 거의 온실효과가 없다. 즉 지금의 온난화는 대기 전체로부터 보면 극히 적은 양의 온실가스에 의해 초래되고 있다고 할 수 있다. 때문에 인간 활동에 의한 온실 가스의 배출량이 대기 전체에 비하면 그 양이 적더라도 지구 전체의 온도를 상승시키는 결과를 초래하게 된다. 〈표 1-2〉에 나타낸 지구온난화계수 (GWP : Global Warming Potential)란 각 온실가스가 일정기간(100년간)내에 어느 정도 온난화를 초래하는 능력을 가지고 있는지를 이산화탄소를 기준으로 하여 상대적으로 나타낸 지표이다. 이것을 보면 이산화탄소에 대해 같은 양의 메테인은 약 23배의 온난화 능력을 가지고 있고 프론류는 소량이어도 장기적으로는 지구온난화에 큰 영향력을 가지고 있다는 것을 알 수 있다.

미국의 해양대기관리처(NOAA)의 보고 [그림 1-16]에 의하면 지금으로부터 100년전 까지는 약 170 ppm에서 300 ppm 사이에서 변동한 이산화탄소가 현재는 400 ppm 가까이 까지 상승해 있는 것을 알 수 있다.

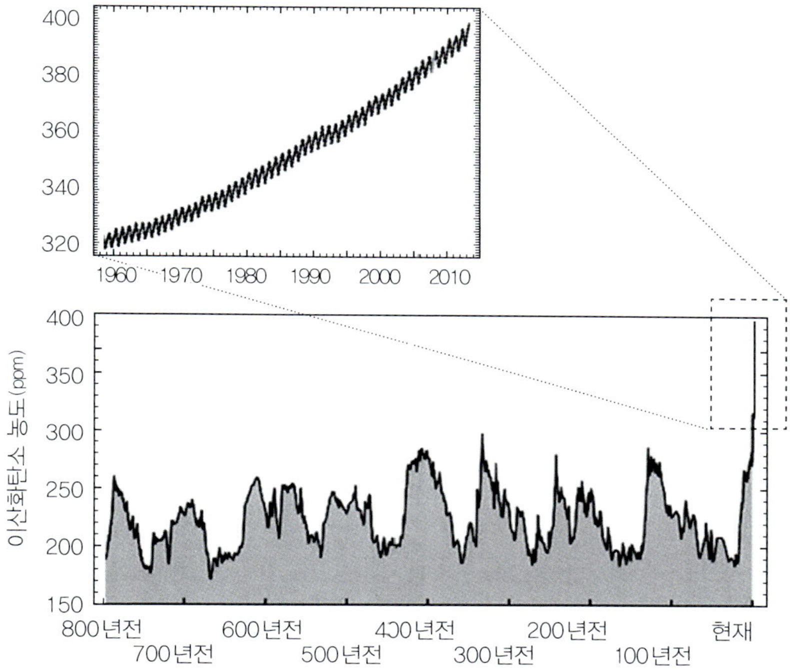

[그림 1-16] 이산화탄소 농도의 변동
(자료 : 미국 해양대기관리처(NOAA)자료)

[그림 1-17]에 기후변동에 관한 정부간 패널(Intergovernmental Panel on Climate Change, IPCC)* 제4차 평가보고서 자료를 참고로 작성한 인위기원 온실가스 배출량의 비율을 나타내었다.

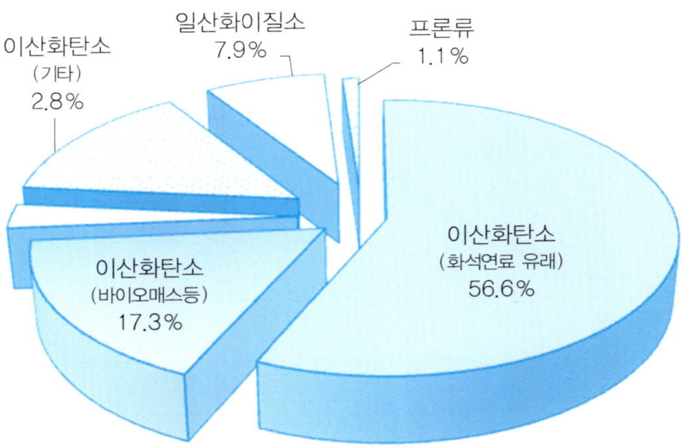

[그림 1-17] 인위기원 온실가스 배출량의 비율
(자료 : IPCC 제4차 평가보고서)

[그림 1-17]과 같이 인위기원 온실가스 중에서 그 배출량이 가장 많은 것은 이산화탄소이다. 지난 200년동안 석탄과 석유와 같은 화석연료의 사용량이 증가함에 따라 이산화탄소 농도도 급격히 증가하였다. 그 결과 [그림 1-16]과 같이 대기 중 이산화탄소 농도는 20세기 이후 매년 증가하고 있다.

* 1988년 11월 유엔 산하 세계기상기구(WMO)와 유엔환경계획(UNEP)이 기후 변화와 관련된 전 지구적인 환경 문제에 대처하기 위해 각국의 기상학자, 해양학자, 빙하 전문가, 경제학자 등 3천여 명의 전문가로 구성한 정부간 기후 변화 협의체

지구상 이산화탄소 가스의 주 저장고는 바다인데 바다가 흡수하는 속도보다 더 빠른 속도로 이산화탄소가 배출이 되고 있는 것이 문제이다.

아레니우스(Arrehenius)는 만약 탄산가스의 농도가 배가 된다면 지구의 기온은 평균 5℃가 오를 것이라고 했다. 이산화탄소가 지금과 같은 추세로 증가한다면 농도가 배가 되는 것은 시간문제다.

기온이 상승하여 만약에 지구의 빙하가 다 녹는다면 지구의 해수면은 6m나 올라가게 되어 세계 대부분의 농경지와 거주지는 바다에 잠기게 되고 그렇게 큰 기온의 변화가 생태계를 어떻게 파괴하게 될지는 참으로 예측하기 어렵다. [그림 1-18]에 여러 가지 지구온난화의 영향을 나타내었다.

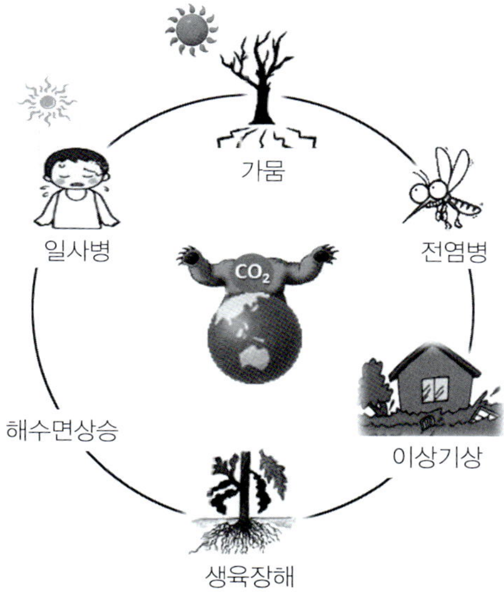

[그림 1-18] 지구온난화의 영향

1.4.3 대기입자가 지구온난화를 억제한다고?

앞에서 언급하였듯이 에어로졸(aerosol)이란 대기 중 부유하는 고체 입자 또는 액체방울을 말하며 크기는 0.001 ~ 100 ㎛로 아주 작은 입자를 말한다. 에어로졸의 종류로는 황사, 해염, 화산재, 황산염, 질산염, VOC (Volatile Organic Compounds, 휘발성 유기화합물)등으로 분류한다.

이러한 에어로졸은 화산활동, 해염(sea-salt), 산림화재와 같이 자연발생적(자연발생원) 으로 생성되기도 하지만 대부분은 석탄, 석유, 천연가스 등 화석연료가 연소(인위발생원) 할 때 발생된다.

한편 에어로졸은 입경이 매우 작음에도 불구하고 지구 규모의 기후변화를 초래하기도 한다. [그림 1-19]에 에어로졸에 의한 직접 또는 간접적인 기후변화를 나타내었다. 에어로졸의 직접 효과로는 대기 중에 날아다니면서 빛을 흡수 또는 산란하여 지구온난화 및 냉각화에 기여하는 것으로 알려져 있다.

수 백만의 미세한 물 입자가 구름을 만들 때는 응축(어떤 물질을 중심으로 미세한 물 입자가 모여드는 현상)에 도움을 주는 에어로졸이 필요하다. 그러므로 에어로졸이 많을수록 구름형성도 더 잘 된다. 구름의 종류 또한 기후에 서로 다른 영향을 미친다. 그 역할에 대해서 아직 제대로 이해되고 있지는 않은 실정이지만 일반적으로 구름은 태양복사 에너지를 우주 공간으로 반사하는 것으로 알려져 있다. 이처럼 에어로졸이 응축핵으로 작용하여 구름입자를 만들고 수많은 구름입자가 구름을 형성하여 태양광을 흡수 또는 산란시킴으로써 기후변화에 영향을 미치는 것을 간접 효과라고 한다. 현재의 기후변화를 예상하는 수치모델들은 이러한 에어로졸의 영향을 고려하도록 설계되어 있다.

에어로졸의 종류 즉 화학적 성상이 달라지면 태양 빛을 반사시키는 정도도 달라진다. 황산염 입자나 해염입자는 태양빛을 주로 반사하지만 나무나 화석연료가 탈 때 발생하는 검댕(black carbon)은 태양빛을 흡수한다. 이렇듯 에어로졸의 물리·화학적 성상은 지구 규모의 기후변화에도 크게 영향을 끼친다. 그러나 에어로졸의 화학조성, 농도, 입경 및 광학적 특성은 그 종류가 다양하고 상당히 복잡 하기 때문에 불확실한 점이 많이 있고 현재 많은 연구가 진행되고 있다.

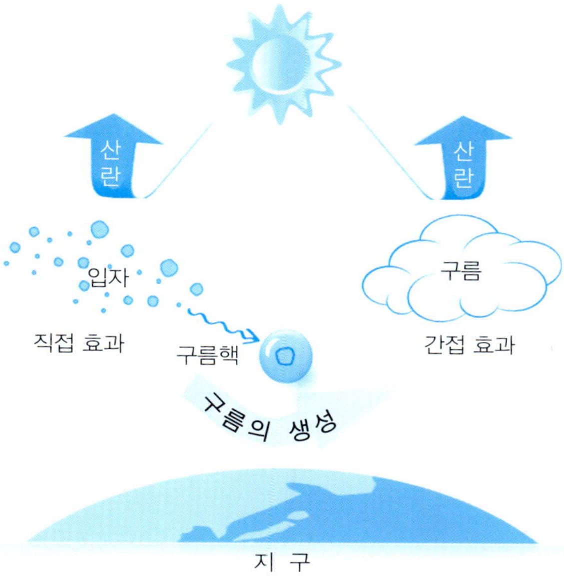

[그림 1-19] 에어로졸에 의한 지구 냉각 효과

1.4.4 대기오염이 건강에 미치는 영향은?

정상적인 성인은 분당 12 ~ 20회쯤 호흡을 하며 분당 6.8 L의 공기를 흡입한다. 우리가 숨을 쉬면 1회에 약 500 mL의 공기가 입과 코를 통해 몸 안으로 들어가며 이 때 각종 대기오염물질이 동시에 우리 몸 속으로 들어간다.

화석연료의 연소에 의해 발생하는 SOx는 기관지염과 천식의 원인이 되며 고농도의 NO_2는 기관, 폐 등의 호흡기에 악영향을 끼친다고 알려져 있다. 또한 광화학스모그에 의해 눈이 아프거나 심하면 구토 및 두통이 유발된다고 알려져 있다.

한편 미세먼지는 우리가 숨을 쉴 때 우리의 호흡기관을 통해 들어가 폐 속으로 침투해서 폐의 기능을 떨어뜨리고 여러 가지 병을 막아 내는 힘인 면역 기능을 저하시켜 몸을 약하게 만든다. 1952년 약 4,000명의 사망자를 발생시킨 런던스모그는 미세먼지가 인체에 어떤 영향을 미치는지 보여 주는 대표적인 사례이다. 초미세먼지로 일컬어지는 $PM_{2.5}$는 사람의 폐포까지 깊숙하게 침투해 폐암의 발병 위험을 높일 뿐만 아니라 순환기계에도 영향을 미친다고 알려져 있다.

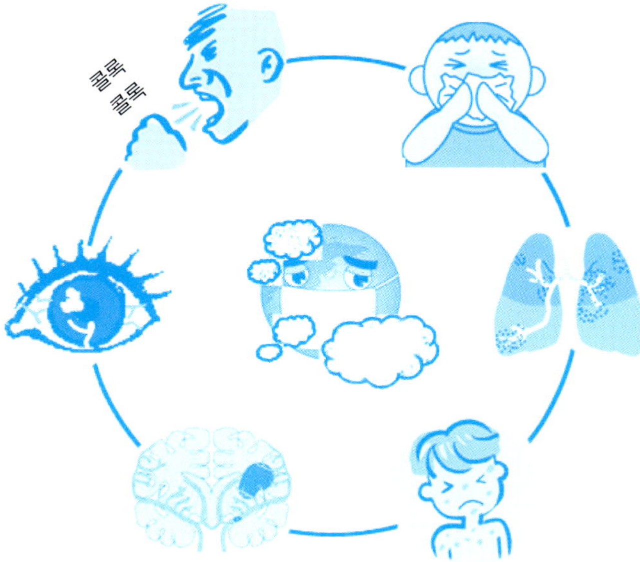

[그림 1-20] 대기오염이 건강에 미치는 영향

대기 중 입자는 입경에 따라 그 생성 기구가 다르며 미세먼지로 갈수록 건강에 심각한 위협이 되는 성분이 많이 포함되어 있다. 이 때문에 입경은 그 호흡기계로의 침착과 대기 중에서의 생성 기구에 의한 성분 차이의 양면적 특성에 따라 건강과 크게 관련된다. 입자가 흡입되면 입경이 큰 입자는 코털, 비강, 목 부근에서 제거되지만 중간 크기의 입자는 충돌 내지 침강에 의해 기도벽에 침착한다. 허파꽈리(폐포) 영역에까지 도달한 입경이 작은 미세입자 또는 초미세입자는 확산 등에 의해 허파꽈리 벽에 침착한다 [그림 1-21].

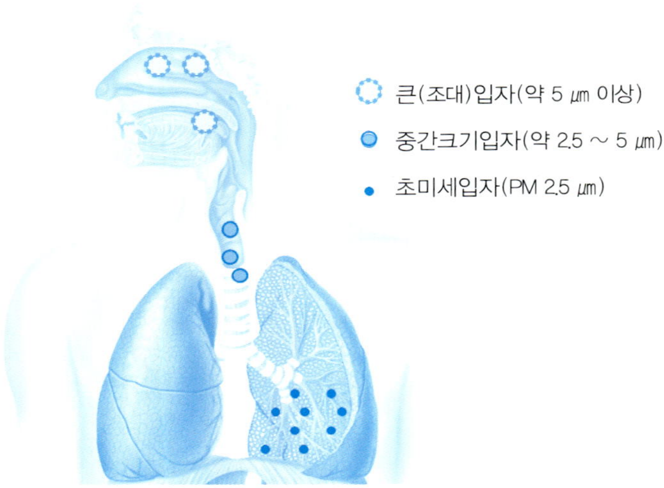

[그림 1-21] 대기입자의 호흡기 침착은 대기입자의 크기가 열쇠

제2장 지금의 에너지 환경교육은 어떠한가?

제2장에서는 우리들의 생활에 필수 불가결한 에너지에 대해서 세계적인 소비량의 추이와 현재 전 세계에 남아있는 자원의 매장량 등을 소개하고, 유한한 에너지 자원을 어떻게 효과적으로 사용하여야 하는지 또는 환경에 미치는 영향을 저감시키기 위해서는 어떠한 행동이 필요한가를 설명 하였다. 아울러 학교 또는 지역사회에서 현재 행하여지고 있는 에너지·환경교육에 대해 소개 하였다. 끝으로 현행의 에너지·환경교육의 문제점과 그 해결책을 제시하였다.

2.1 왜 에너지 · 환경교육이 필요한가?

우리들은 일상생활에서, 자동차나 에어컨 등 여러 가지 물건을 이용하고 있다. 이러한 것들은 가솔린이나 전기등을 에너지원으로 하고 있다. 이렇게 우리들의 생활에 있어서 에너지는 필수 불가결한 것이다.

그렇다면 이러한 에너지원의 상황은 어떠한가? [그림 2-1]에 세계의

1차 에너지 자원별(석유, 석탄, 천연가스, 원자력, 수력) 소비량의 추이를 나타내었다. 2010년의 세계의 1차 에너지 소비량의 비율은 화석연료가 81%, 원자력과 수력이 각각 6%와 2%를 차지하고 있다. 사실상 전체 에너지의 87%가 언젠가 고갈되는 에너지원에 의해 우리들의 생활은 유지되고 있다고 할 수 있다.

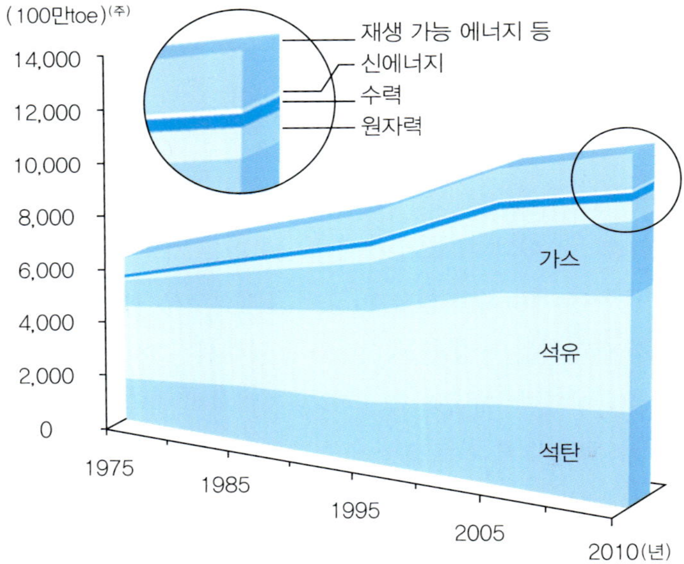

[그림 2-1] 세계의 1차 에너지 소비량의 추이
(주) toe(tonne of oil equivalent)는 석유환산톤을 의미한다.
(자료 : IEA(International Energy Agency, 국제에너지기관)의 Energy Balance 2012)

[그림 2-2]는 이러한 고갈 에너지원의 확인된 채굴가능 매장량과 년수를 나타내고 있다. 채굴 가능한 년수는 고갈 에너지원이 지금부터 몇 년 정도 사용 가능한가를 나타내는 예측치이다. 그러나 분모의 연간생

산량 및 분자의 채굴가능 매장량(탐사에 의해 그 존재가 확인 되어있고, 기술적·경제적으로 채굴이 가능한 자원량) 모두 자원의 새로운 탐사기술의 발전과 경제적·사회적 조건에 의해 변화할 수 있다.

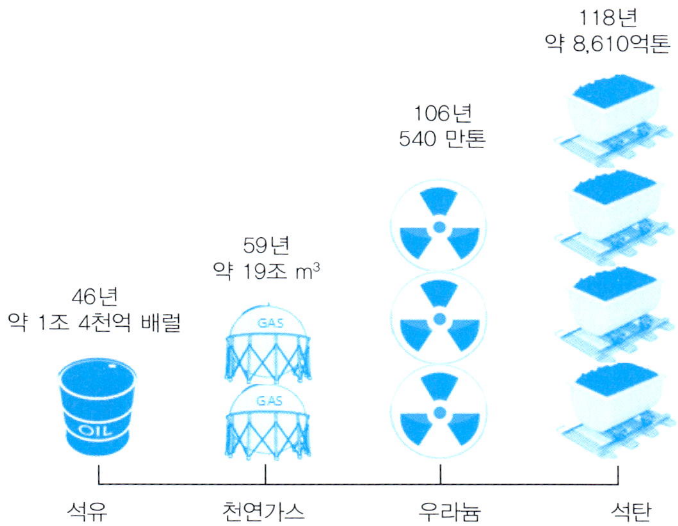

[그림 2-2] 세계 에너지 자원의 채굴 가능한 년수 및 매장량
(채굴 가능한 년수 = 채굴 가능 매장량 / 년간 생산량)
(자료 : OECD(Organization for Economic Co-operation and Development, 경제협력개발기구), IEA통계2012)

석유에 대해서 얘기를 하자면, 1970년경에도 채굴가능 년수가 약 30년 이라고 했음에도 불구하고, 40년 이상이 지난 오늘날에도 약 40년이라고 추정되는 것은 이러한 이유 때문이다. 석유의 잔존 자원량은 약

1조 4천억 배럴* 정도이며, 주요 산유국으로는 사우디아라비아가 가장 많고 이라크, 아랍에밀레이트, 쿠웨이트, 이란 등 주로 중동 국가들이다. 현재 전 세계적으로 각 지역에서 새로운 유전이 발견되고 있으나 현재의 매장량에 비하면 미미한 수준이고 곧 채굴되어 고갈되고 있으며 채굴 가능연수는 46년 정도이다.

그러나 현재의 에너지원의 85% 이상을 차지하는 자원이 가까운 미래에 고갈될 것이라는 사실은 주목을 해야 한다.

이러한 상황에서 지금 당장 우리들이 해야 할 최선의 선택은 제한된 에너지를 유효하게 사용하는 것이다. 그러기 위해서는 산업과 생활 등 여러 분야에서 에너지를 절약하고 재이용하는 등, 사람과 에너지 사이의 보다 좋은 관계를 구축해 나아가는 것이 과제라고 할 수 있다.

이러한 상황 하에서 다음 세대의 에너지 소비의 중심이 되는 지금의 어린이들이 에너지와 환경문제에 대해서 관심을 갖고 또한 깊게 이해시킬 필요가 있다. 뿐만 아니라 문제의식을 갖고 그것을 해결하기 위해 적절하게 판단하고, 행동에 옮길 수 있는 능력을 배양하기 위해서는 에너지 환경교육이 중요하다고 할 수 있다. 이러한 점에서 에너지·환경교육의 목적은 「보다 좋은 환경 만들기 활동에 자발적으로 참여하여, 환경보전을 위한 책임 있는 태도와 행동을 할 수 있는 시민의 육성」이라고 말할 수 있다. 인간이 만든 사회와 지역의 문제는 인간 스스로가 해결하지 않으면 안되며, 지속 가능한 사회·경제 시스템을 구축·유지할 수 있는 인간 육성이야말로 환경보전과 환경교육의 궁극적인 목표이라고 할 수 있겠다.

* 배럴(barrel)은, 영국과 미국에서 쓰는 부피의 단위로, 석유의 부피를 잴 때는 42갤런으로 약 159리터에 해당한다.

2.2 에너지 · 환경교육

최근 연일 지구온난화와 같은 환경문제가 이슈가 되고 있는 것은 환경보존에 대한 사람들의 관심이 높아졌음을 의미하며, 또한 환경문제가 심각하며 그 해결책이 절박함을 알리고 있는 것이다. 이러한 환경문제를 해결하기 위해서는 생물학적 환경과 그에 관련된 문제들에 대한 식견을 갖고, 문제들을 해결하도록 하는 방법을 인식하고 문제해결을 위해 행동할 수 있도록 동기화된 시민을 양성하는 것을 목적으로 하는 환경교육이 필요하다.

환경교육(Environmental Education)이라는 용어는 그 기원이 정확하게 밝혀진 바는 없으나 1948년 IUCN(International Union for the conservation of Nature and Natural Resources)의 파리 회의에서 당시 영국 웨일즈 시의 자연보존과장이었던 Thomas Pritchard가 자연과학과 사회과학을 접목하려는 교육적인 시도가 필요하다며 그것을 환경교육라고 부르자고 제안한 것이 처음이라고 할 수 있다.

환경교육은 환경보전뿐만 아니라 인간과 환경의 상호 관련성, 환경문제 발생에 대한 책임인식, 유한한 자원의 올바른 이용과 보전에 대한 노력을 목적으로 한다. 미국과 유럽의 경우는 일찍부터 환경교육을 수업과정에 포함시켰으며 민간 교육캠프 등에서도 동식물 소중히 여기기, 쓰레기는 반드시 가지고 돌아오기 등 기본적인 규칙을 어린이들이 알기 쉽게 가르치고 있다.

[그림 2-3] 학교에서의 환경보호 활동

· 사용하지 않는 가전제품의 콘센트 빼기
· 동식물을 보호하기
· 빈 캔이나 폐종이를 재활용 하기
· 물건을 아껴쓰기

· 쓰레기를 버리지 않기
· TV를 보지 않을 때는 전원을 끄기
· 양치질할 때 수돗물을 틀어놓지 않기
· 음식물을 남기지 않기

[그림 2-4] 주변에서 할 수 있는 학생들의 환경보호 활동

2.2.1 학교에서의 환경교육

우리나라에서는 1970년대 제 3차 경제개발 5개년 계획 진행과정에서 환경을 고려하지 않은 개발의 부작용으로 곳곳에서 크고 작은 환경파괴와 오염문제가 발생하면서 환경교육에 대한 필요성이 제기되어, 1982년 제4차 교육과정부터 환경교육을 교육과정에 포함시켰다. 그러나 독립과목으로 시행된 것은 1995년 제6차 초등학교 교육과정부터이다.

현재 초등학교는 3학년부터 학교 재량시간으로 연간 34시간을 설정하였고, 중학교는 선택교과 중 하나로서 환경교과를 설정하였으며, 일반계 고등학교는 교양선택 교과에 환경과학이 신설되어 있는 실정이다.

다음은 시기별, 사건별로 우리나라의 환경교육 변천과정을 정리하였다.

(1) 환경교육 시작 시기(1980년대 이전)

- 1963년 공해방지법 제정 공포
- 1971년 환경보호법 제정 공포
- 1970년대 중반 산업발달에 따른 환경오염 문제의 심각성 대두
- 1978년 우리나라는 [자연보호헌장]을 제정 : 본격적으로 새마을 운동 에서도 자연보호 추진

(2) 환경교육 성립기(1980년대 ~ 1991년)

- 1980년 환경권 조항이 헌법에 신설
- 1985년 제1차 환경교육시범학교 모집·선정 : 서울 신북초등학교 외 7개 초·중학교
- 1987년 제5차 초·중·고등학교 교육과정에 환경관련 내용이 '국가사회가 강조하는 8대 중점사항'으로서 여러 교과에 포함되며 실질적으로 지도됨

(3) 환경교육 성장기(1992년 ~ 2007년)

- 1992년 제6차 중등 교육과정에서 독립 교과목으로 [환경]신설
- 1996년 공주대학교 등 5개 사범대학교에 환경교육과 신설
- 2004년 트럭을 개조한 환경교육 이동차량 [푸름이 이동환경교실]로 방문교육 실시
- 2005 ~ 6년 유아 및 초등학교 대상 환경교재 개발 배포
- 2000년 환경교육을 지식과 강의식 교육에서 현장에서 체험하고 직접 만질 수 있는 교육으로 전환(환경체험 교육프로그램 위주로 전환)

(4) 환경교육 전환기(2008년 이후)

- 2008년 [저탄소 녹색성장]국가비전 선포, 환경교육 진흥법 제정
- 2009년 유치원 및 초등학교에 환경교육용 교구 무료 대여 사업 실시
- 2010년 이후 환경교육 종합계획(2010. 9) 수립

[그림 2-5]에 대전광역시 사회조사의 일환으로 실시한 통계청 조사자료를 참고로 작성한 대전시민의 환경교육을 받은 경험이 있는 연령별 비율을 나타내었다.

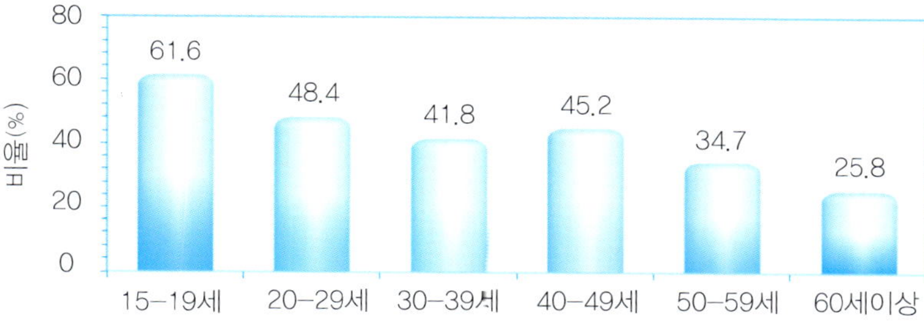

[그림 2-5] 연령별 환경교육을 받은 경험 비율
(자료 : 대전광역시, 대전광역시 사회조사(통계청 2012년))

[그림 2-5]에 의하면 15세에서 19세사이 즉, 학생 세대에서 61.6%로 가장 높은 비율을 나타내었으며, 연령층이 높아질수록 점차 그 비율이 낮아지고 있는 것을 알 수 있다.

반면에 학교를 통해 환경교육을 받은 적이 있는 연령별 비율을 나타낸 [그림 2-6]을 보면 역시 학생 세대에서 41.6%로 압도적으로 높은 비율을 나타내었으며, 고령이 될수록 점차 그 비율이 현격하게 낮아지고 있는 것을 알 수 있다.

이는 위에서 언급한 바와 같이, 우리나라의 환경교육의 변천과정(시작기-성립기-성장기-전환기)에 따라, 점진적으로 학교에서 환경교육을 받은 사람이 증가했다는 것을 시사한다. 특히, 환경교육 성립기(1980년대 ~ 1991년), 환경교육 성장기(1992년 ~ 2007년), 환경교육 전환기(2008년 이후)를 거치면서 학교에서의 환경교육이 본격적으로 활성화 되어 왔다고 볼 수 있다.

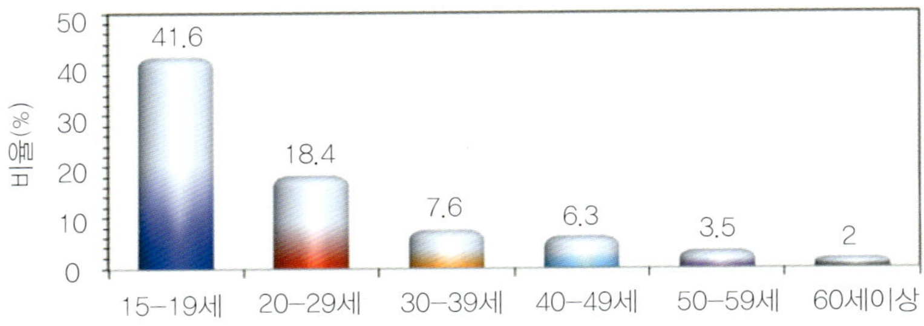

[그림 2-6] 연령별 학교를 통한 환경교육 경험 비율
(자료 : 대전광역시, 대전광역시 사회조사(통계청 2012년))

[그림 2-7]은 환경교육을 받은 적이 있는 청소년들(14 ~ 19세)을 대상으로 환경교육을 받은 수단을 조사해 정리한 결과이다.

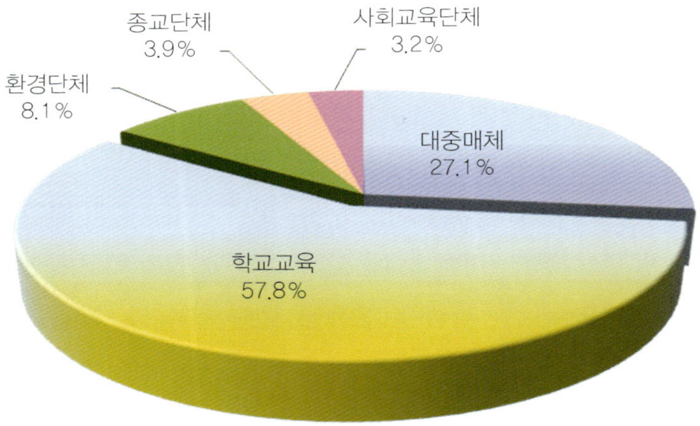

[그림 2-7] 청소년들(14 ~ 19세)이 환경교육을 받은 수단
(자료 : 대전광역시, 대전광역시 사회조사(통계청 2012년))

청소년들이 환경교육을 받은 수단으로는 학교교육이 57.8%로 가장 높았고, 다음으로 대중매체(27.1%), 환경단체(8.1%), 나머지 종교단체 및 사회교육단체 순으로 나타났다.

2.2.2 직장 및 지역사회에서의 환경교육

환경교육은 모든 연령집단을 교육 대상으로 지식보다는 가치·태도 함양에 중심을 두어 지속적으로 그리고 모든 생활에서 이루어져야 한다. 그러나 현재 우리나라는 환경교육의 대상이 학교교육에 참여하는 학생들로 편중되어 있고, 사회환경교육에서도 성인을 대상으로 하는 환경교육은 활성화 되어 있지 않고 있다.

[그림 2-8]은 대전광역시 성인남녀를 대상으로 환경교육을 받은 적이 있는지, 있다면 어떤 매체 및 단체를 통해 받았는지를 조사한 결과이다.

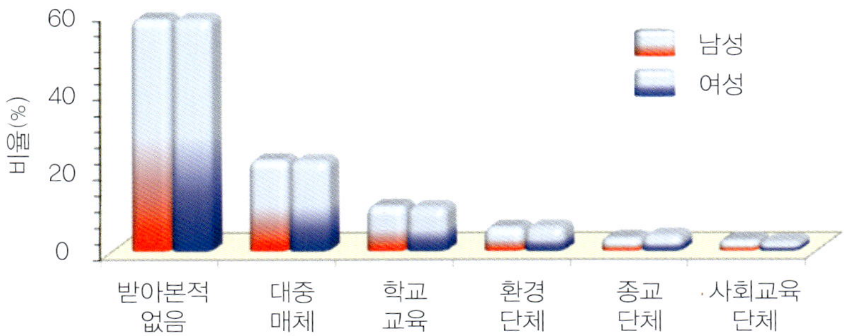

[그림 2-8] 성별 환경교육 수혜여부
(자료 : 대전광역시, 대전광역시사회조사(통계청 2012년))

[그림 2-8]을 통해 알 수 있듯이, 성인남녀 모두 환경교육을 전혀 받아보지 않았다고 답한 비율이 60%에 달했으며, 더불어 직장에서의 환경교육은 전혀 이루어지지 않고 있다는 것을 알 수 있다.

직장인 및 시민들은 환경문제에 대해 관심을 갖고 환경교육에 대한 호감을 가지고 있는 것으로 보고되고 있다(양인숙, 이화여자대학교 석사학위논문, 2005년). 하지만, 성인을 대상으로 하는 국내 환경교육은 거의 찾아볼 수가 없다. 환경의식 조사의 결과에 의하면 기업이나 기관의 사원 재교육 프로그램 또는 사회공헌 활동, 특히 자원봉사 경험이 있는 직장인들은 그렇지 않은 직장인들에 비해 환경의식이 높은 것으로 나타나있다(양인숙, 이화여자대학교 석사학위논문, 2005년). 이것은 직장인들이 환경교육 및 관련 자원봉사 경험은 많지 않으나 그에 대한 호감을 가지고 있으며, 이러한 활동이 그들의 환경의식을 높이는데 영향을 미친다는 것을 보여주고 있다. 따라서 향후 각 기업이나 기관은 환경경영 및 사회적 의무의 일환으로 사원을 대상으로 하는 환경교육 프로그램과 관련 자원봉사 프로그램을 개발하고 적극적으로 활용하여 성인 환경교육의 주체 역할을 하여야 할 것이다. 나아가 기업이나 기관의 환경교육관련 사회공헌활동은 참여 사원들의 환경의식을 개선함은 물론 환경교육을 대중화 하는데 그 영향력을 미칠 것으로 여겨진다.

2.3 에너지·환경교육의 문제점

환경교육의 극대화를 위해서는 학습자의 주도적인 참여와 행동에 초점을 맞추고, 이론적 주입식 교육을 피하고, 학습자 스스로 문제를 인식하고 주체적으로 참가할 수 있는 교육프로그램이 필요하다. 이러한 극대화된 환경교육을 위해서는 지금까지 주로 이루어져왔던 자연학습 및 탐방과 같은 현장 환경학습도 중요하지만, 학습자가 손쉽게 다룰 수 있고 원리를 쉽게 이해할 수 있는 구체적인 환경교육 교구가 절대적으로 필요하다고 판단된다.

이러한 배경을 바탕으로 이 책에서는 보다 효율적인 기초 환경교육을 목적으로 초등학교 저학년부터 성인에 이르기까지 폭넓은 학습자를 대상으로, 생활 주변에서 손쉽게 얻을 수 있는 재료를 이용하여 학습자 자신이 직접 제작 가능한 간이적인 환경실험 모델 장치를 제안하고 그 활용성에 대한 평가 결과를 소개하였다.

제3장 화력발전 및 배출가스 측정 모델 실험

제3장에서는, 우리들의 생활주변에서 손쉽게 구할 수 있는 재료들을 사용하여, 화력발전기 모델 장치를 만드는 방법 및 이 모델 장치를 이용하여 발전 및 배출가스를 측정하는 실험에 대해서 소개 하였다. 화력발전기 제작에 있어서는 소개된 드면을 바탕으로 누구나 손쉽게 만들 수 있게 하였다.

전기를 만드는 모델 실험에 있어서는, 증기의 힘에 의해 소형모터를 회전시켜, LED 전구가 점등되게 하였고 또한 테스터를 통해 발전량의 확인도 가능하게 하여, 화력발전의 원리를 시각적으로 이해할 수 있게 하였다. 그리고 무엇보다 본 모델 장치의 우수성이라고 자부할 수 있는 것은 발전 과정에서 모델 장치의 굴뚝으로부터 배출되는 배출가스를 직접 측정할 수 있다는 점이다. 그 결과 화력발전과 그에 따른 대기오염물질의 배출에 대해 직접 확인할 수 있을 뿐만 아니라, 에너지 이용과 환경오염의 상호관계를 보다 현실적인 문제로 인식하여 환경보전에 대한 의식을 함양 시키고자 하였다.

3.1 화력발전기 모델 장치 만들기

상세한 제작 과정을 설명하기 앞서, 우선 전체적인 이미지가 가능하도록 완성 후의 화력발전 모델 실험 장치를 [그림 3-1]에 나타내었다. 그림을 통해 알 수 있듯이 모델 실험 장치는 연소실, 굴뚝, 보일러(둥근 플라스크), 발전기(소형 모터) 그리고 전원 테스터기로 구성되었다.

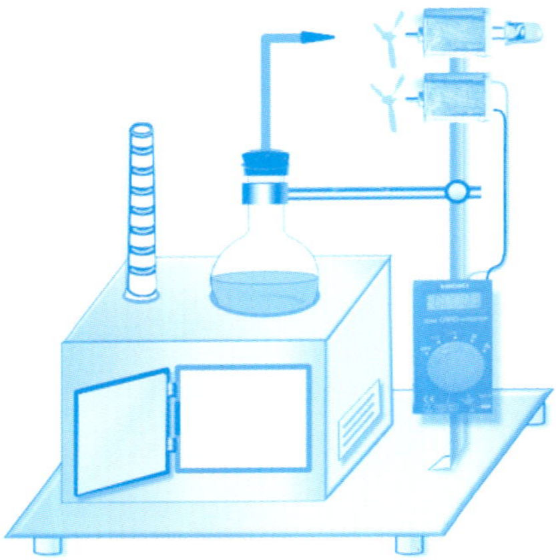

[그림 3-1] 완성 후의 화력발전 모델 실험 장치 그림

3.1.1 화력발전기 모델 장치의 구성과 조립

1) 모델 실험 장치의 받침판

- 재질 : 다소 내열성을 가진 금속판(예 : 함석판)
- 크기 : 가로 약 30 cm, 세로 약 20 cm
- 두께 : 1 ~ 3 mm

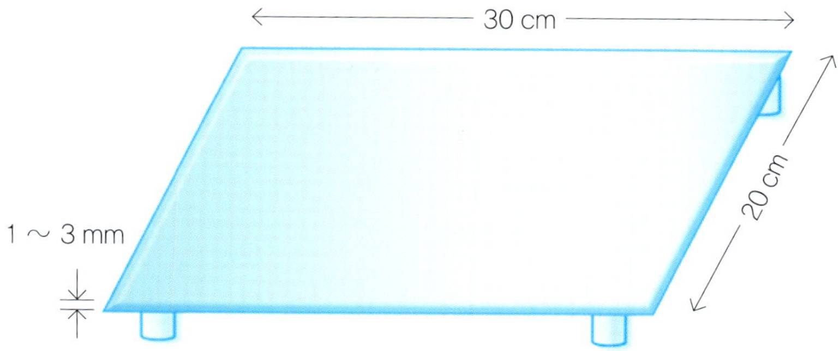

[그림 3-2] 장치의 받침판

2) 연소실

· 재질 : 내열성을 가진 금속판(예 : 함석판)

· 재질 : 크기 : 가로 약 16 cm, 세로 약 11 cm, 높이 약 10 cm

· 재질 : 두께 : 0.5 ~ 1 mm

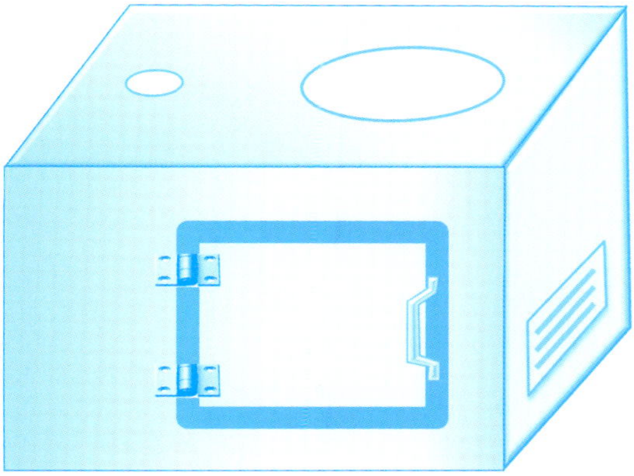

[그림 3-3] 연소실

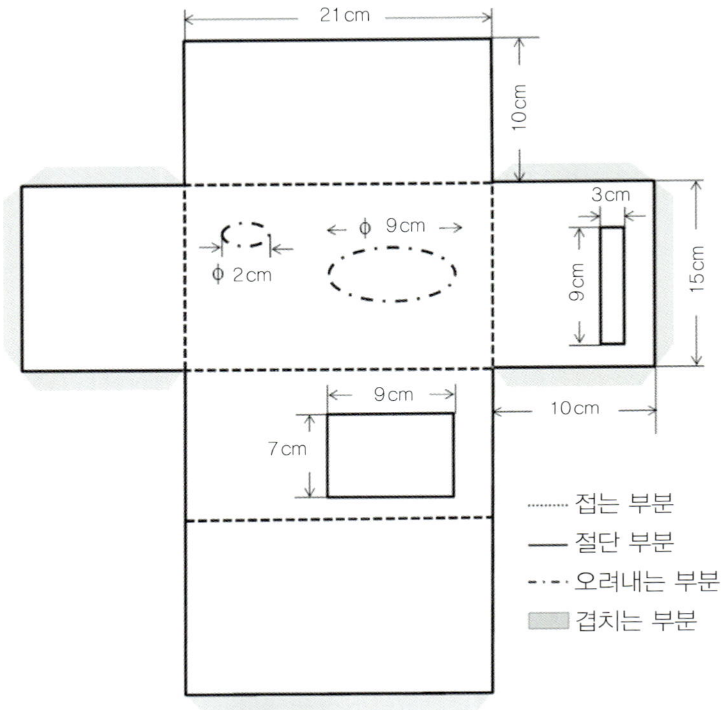

[그림 3-4] 연소실 도면

[그림 3-4]의 연소실 도면의 겹치는 부분은 작은 볼트 등으로 군데군데 고정 시킨다.

3) 굴뚝

· 재질 : 내열성을 가진 금속판(예 : 함석판)

· 크기 : 직경 2 ~ 3 cm, 높이 약 20 cm

· 두께 : 0.5 ~ 1 mm

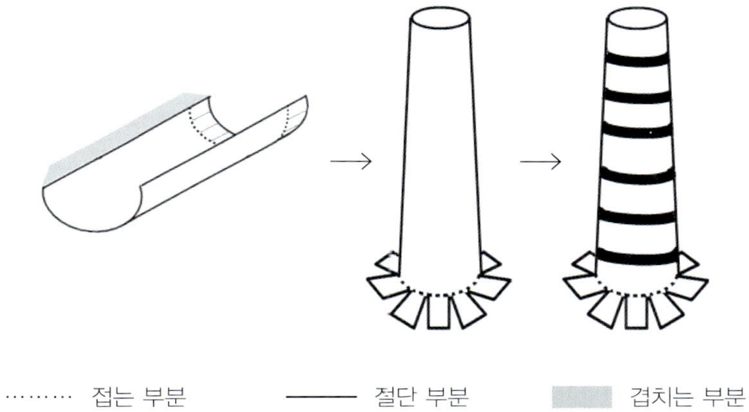

[그림 3-5] 굴뚝의 제작 과정

함석판 등을 도면(완성 후의 굴뚝 직경은 앞의 [그림 3-4]의 연소실의 도면에 있는 굴뚝연결 부분의 직경(2 cm)이 되게 한다.)과 같이 절단 후, 한쪽 끝 부분을 안쪽으로 약 1 cm 정도 까지 군데 군데 절단한다. 함석판 등을 말아서 겹치는 부분을 작은 볼트 등으로 고정시킨다.

완성된 굴뚝은 하단을 연소실[그림 3-4] 윗 부분의 작은 구멍에 넣고, 연소실에 손을 넣어 약 1 cm정도 까지 군데 군데 절단된 부분을 바깥쪽으로 90도로 접는다. 그 후 작은 볼트로 서너 군데 고정 시킨다.

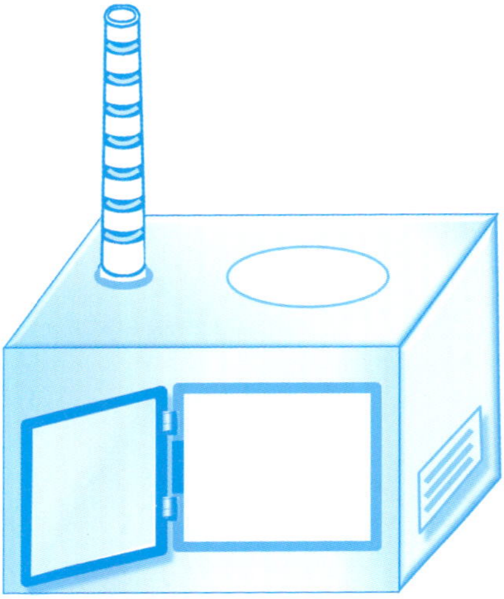

[그림 3-6] 조립 후의 연소실과 굴뚝

4) 발전기(모터)

- 모델 : 시판의 소형모터(가능한 한 작은 것이 좋음)
- 입력전압 : 약 2 ~ 3 V(가능한 한 작은 전압이 요구됨)
- 프로펠러 : 가능한 한 가볍고 작은 것이 좋음
- 기타 : 소형모터에 LED 전구를 달면 발전되는 모습을 시각적으로 쉽게 확인할 수 있다. 이때 LED 전구는 모터의 출력 즉, 증기에 의해 프로펠러를 회전시켜 발전되는 전압으로 발광할 수 있는 것으로 구입해야 한다.

· 주의사항 : 증기의 힘에 의해 프로펠러를 회전시키기 위해서는, 수 차례 시행착오가 요구되며 시판되는 모터의 사양 별로 구입해 예비실험을 해야 할 필요가 있다. 실제 출력전압(본 모델 실험처럼 프로펠러를 회전시켜 발전되는 전압)은 시판의 모터의 사양에 기재된 입력전압보다 낮을 수 있으므로, 입력전압 정보만으로 LED 전구를 선택하면, LED 전구가 발광되지 않을 수 도 있다.

5) 전원 테스터기(전압 측정계)

· 시판되는 전원 테스터기

· 감도 : 최소한 1 mV

· 기타 : 발전결과를 용이하게 확인할 수 있는 디지털 테스터기가 바람직하다. 받침판에 조립식 완구 등에 부품으로 들어있는 금속 지지대를 고정하여, 이 지지대에 소형모터와 전원 테스터기를 고정시킨다.

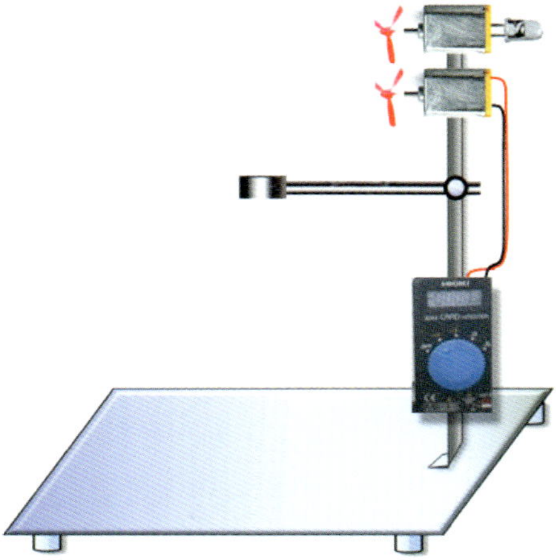

[그림 3-7] 받침판과 소형모터 그리고 전압 측정계 세트

[그림 3-7]의 받침판에, 굴뚝이 고정된 연소실을 작은 볼트로 4곳을 고정한다.

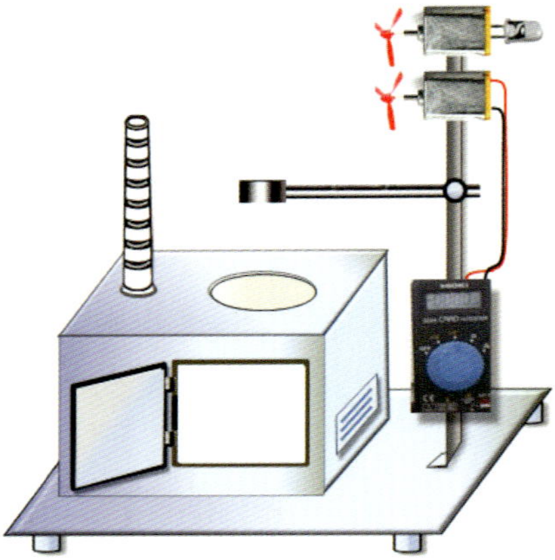

[그림 3-8] 연소실과 굴뚝,소형모터 그리고 전압 측정계 세트

6) 보일러(둥근바닥 플라스크)

- 밑이 둥근 유리플라스크
- 용량 : 300 mL
- 기타 : 플라스크의 하단의 일부가 연소실의 윗면에 끼이도록 설치하면 보다 안정적이 된다. 그러기 위해서는 [그림 3-4] 연소실의 도면의 큰 원(일점 쇄선)의 직경을 플라스크 크기를 보고 조절할 필요가 있다. 또한 플라스크의 입구에 맞는 고무마개를 준비해 직경 약 1 cm정도의 구멍을 뚫고 여기에 튜브를 연결한다

· 주의사항 : 튜브의 끝에는 볼펜 뚜껑 등을 끼워(노즐상태로 하여), 증기의 위력이 커질 수 있도록 해야 할 필요가 있다.

3.1.2 조립완성 후의 모델 실험 장치

[그림 3-9]는 조립완성 후의 실제 모델 실험 장치의 사진이다.

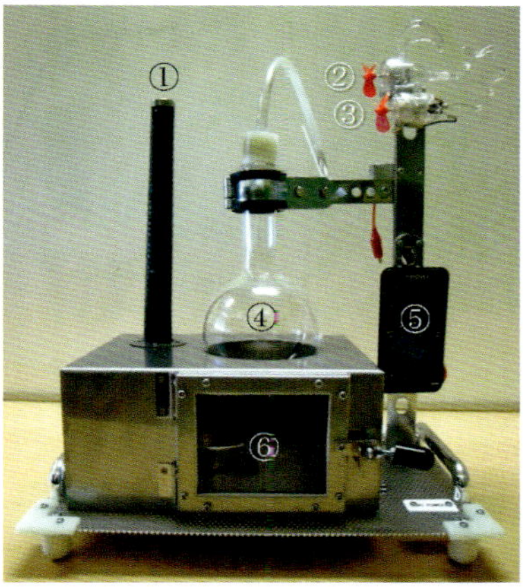

① 굴뚝	② 모터(1)	③ 모터(2)
④ 보일러	⑤ 전압측정계	⑥ 연소실

[그림 3-9] 완성 후의 화력발전 모델 실험 장치(1)

[그림 3-10]에는 모델 실험 장치의 발전기 부분과 연소실 내부(연료를 넣을 알루미늄 용기를 플라스크 바로 밑 부분에 위치시킴)를 보여주고 있는 사진이다.

발전기 윗 쪽와 오른쪽은, 시판의 소형모터 안에 있는 LED가 발광하는 것이 보다 잘 보이게, 투명한 막대로 여러 가지 모양을 만들어 연결한 것인데 이 장치는 생략하여도 무방하다.

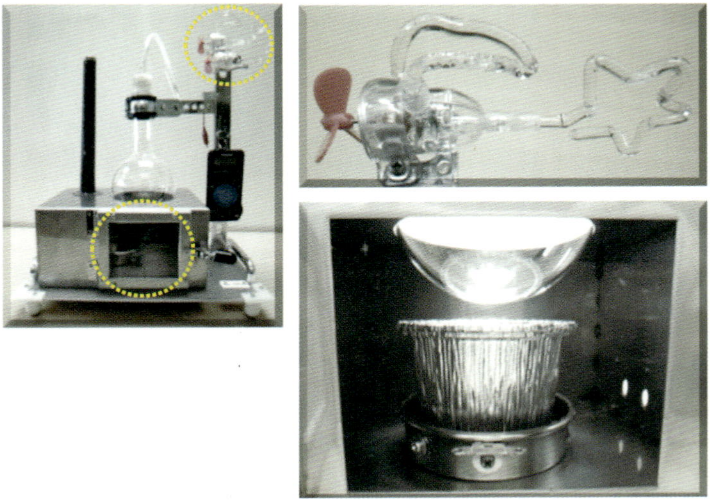

[그림 3-10] 완성 후의 화력발전 모델 실험 장치 (2)

3.2 모델 실험

3.2.1 실험 방법 및 순서

1) 혼합연료의 제조

(1) 100 mL정도의 알루미늄 용기에 에탄올을 60 mL 넣는다.

(2) (1)에 등유를 20 mL 넣는다.

· 주의사항 : 등유로부터 나는 냄새가 실험실에 퍼질 수 있어 건강상의 영향이 있을 수 있으므로, 혼합연료의 제조 시는 환기 장치를 틀어놓거나, 실험실 후드(드래프트 챔버) 안에서 제조하는 것이 바람직하다.

2) 발전 과정

(1) 보일러(둥근 플라스크)에 끓인 물을 300 mL넣고, 고무마개로 막는다.

(2) 제조한 혼합연료를 연소실(플라스크의 바로 밑부분)에 넣고 불을 붙인다.

(3) 물이 끓기 시작해, 증기가 발생하면 튜브 끝을 발전기의 프로펠러에 접근시켜 프로펠러를 회전시킨다.

(4) LED의 점등을 확인 한다.

(5) 디지털 전원 테스터기를 통해 순간 최고 전압을 확인해 기록한다.

· 주의사항 : 발전과정에서 등유로부터 나는 냄새와 발생되는 연소가스가 실험실에 퍼질 수 있고, 건강상의 영향이 있을 수 있으므로 실험할 때는 환기장치를 틀어놓고 시행하거나, 실험실 후드(드래프트 챔버) 안에서 시행하는 것이 바람직하다.

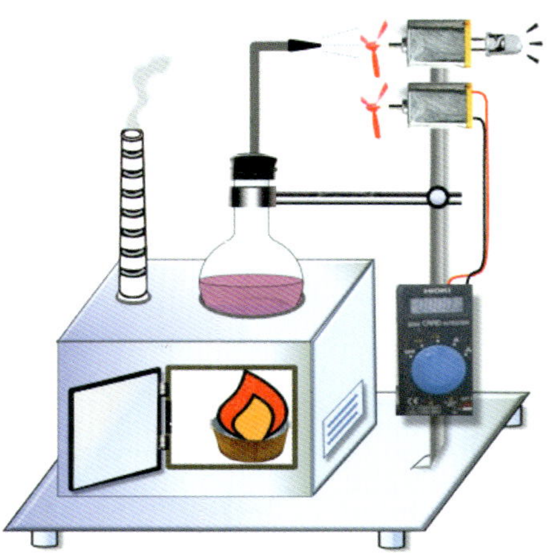

[그림 3-11] 화력발전 모델 실험의 개략도

3) 배출가스 측정

3-1) 검지관을 이용한 배출가스의 정량측정

검지관(가스검지관)이란 유리관 속에 가스검지제(목적 가스 성분과 선택적으로 반응해 특유의 색깔로 변색하는 과립형 물질)를 넣어 목적 가스의 성분을 분석하는 것으로 내부 지름 2 ~ 4 mm의 가는 유리관 속에 가스검지제를 집어넣고 양끝을 녹여 봉한 것이다. 사용할 때는 검지관의 양끝을 절단하여 가스채취기(피스톤 펌프)로 시험가스를 흡입하면 가스의 성분이 검지제와 반응하여 색이 변하게 되는데, 이때 검지제의 변색된 길이나 변색의 정도를 농도표 또는 비색표와 비교하여 유해성분의 농도를 간이적으로 판정할 수 있다. 측정범위가 한정되어 있고, 정밀 계측기기에 비해 정확도는 낮으나, 사용하기가 간편하기 때문에 주로 간이측정법으로 현장에서 많이 사용하고 있다. [그림 3-12]에 검지관을 이용한 배출가스 측정모습을 나타내었다. 배출가스의 측정은 발전에 관한 실험이 종료된 후 또는 실험 중에 시행이 가능하다.

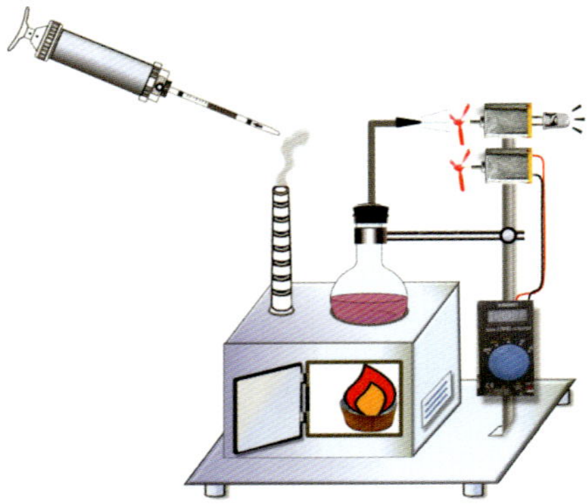

[그림 3-12] 검지관을 이용한 배출가스의 측정

[그림 3-13]에 배출가스의 간이 측정에 사용되는 검지관 및 채취기를 나타내었다. 가스채취기는 피스톤 펌프를 이용해 채취기 내부의 실린더를 감압상태로 만들어, 검지관에 일정량(보통 1회에 50 mL, 2회에 100 mL)의 시료 가스를 환기시키는 휴대용 형태의 채취기로, 소형·경량으로 조작이 간단하며, 전원이 필요없는 장점이 있다.

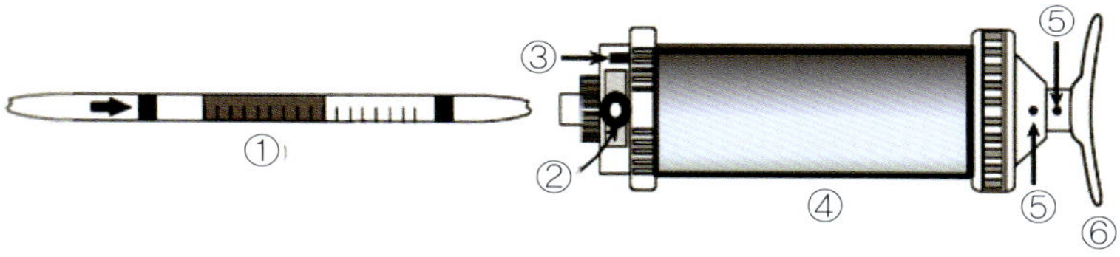

[그림 3-13] 배출가스 측정세트

① 검지관

② 검지관 끝부분 절단 구멍(Tip cutter)

③ 흡입종료 지시계(Indicator)

④ 채취기(흡입기) 본체

⑤ 핸들 멈춤 가이드라인

⑥ 핸들

(1) [그림 3-14]와 같이 검지관 끝부분 절단 구멍(Tip cutter)에 검지관을 꽂아 넣고, 양끝 부분을 절단한다.

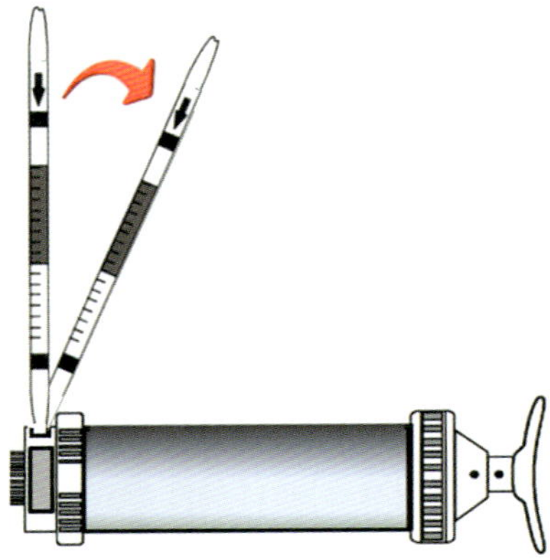

[그림 3-14] 배출가스의 측정 순서 (1)

(2) [그림 3-15]와 같이 핸들을 완전히 밀어 넣는다. 이때 핸들은 채취기 본체에 있는 핸들 멈춤 가이드라인(보통 빨간색의 짧은 선)에 맞추어 놓는다. 검지관을 화살표 방향을 확인한 후 채취기에 어느 정도 힘을 주어 삽입한다.

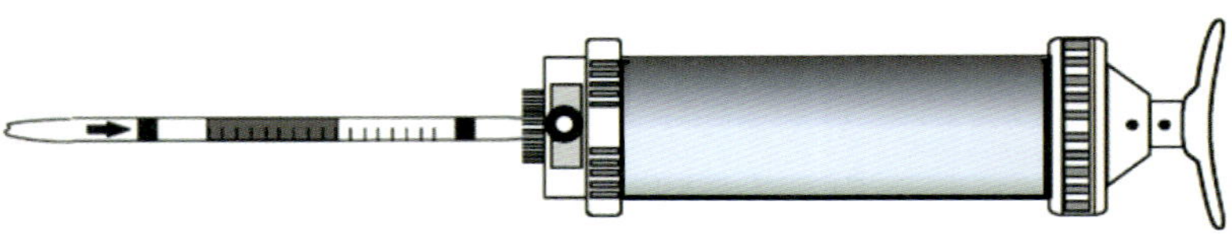

[그림 3-15] 배출가스의 측정 순서 (2)

(3) 한쪽 손으로는 채취기 몸체를 잡고, 나머지 손으로 핸들의 방향을 바꾸지 않은 상태로 끝까지 강하게 당긴다. 이때 핸들은 당겨진 상태에서 자동으로 고정된다.

[그림 3-16] 배출가스의 측정 순서 (3)

(4) 수 분 후, 흡입종료 지시계(Indicator)가 돌출되면 흡입이 종료된다.

[그림 3-17] 배출가스의 측정 순서 (4)

(5) 검지관을 채취기로부터 빼내, 변색층의 눈금을 읽고 그 수치를 기록한다.

3-2) 살츠만법을 이용한 배출가스 중 이산화질소의 측정

질소산화물 중의 한 종류인 이산화질소(NO_2)를 간단히 측정하기 위한 방법으로 살츠만(Saltzman)법이 있다. 수동살츠만법이란 NO_2를 포함한 시료공기를 흡수 발색액인 나프틸에틸렌다이아민

N-(1-Naphthy)1 Ethylene Diamine 이염산염, 설파닐산 (Sulfanilic Acid) 및 초산 혼합액]에 통과시키면 NO_2량에 비례하여 등적색의 아조(Azo)염료가 생긴다. 이 발색된 용액의 흡광도를 측정하여 NO_2 농도를 구하는 방법이다. 여기에서는 배출가스 중에 NO_2의 존재를 가시적으로 확인하는 것이 목적이다.

(1) NO_2의 흡수액인 살츠만 시약의 준비 : 시판하고 있는 시약을 구입하여 사용한다. 시약은 구입 후 냉암소에 보관 시 약 6개월간은 사용할 수 있다. 구입이 여의치 않을 경우에는 다음 방법에 따라 조제하여 사용한다.

이산화질소 흡수액 (살츠만 시약)의 제조 방법 :

1 L의 용량 플라스크에 설파닐산 5 g을 넣고, 빙초산 50 mL를 함유한 증류수 약 900 mL를 가하여, 충분히 흔들어 섞어서 용해시킨다. 필요에 따라서 서서히 가열한다. 냉각 후, 여기에 N-(1-나프틸)에틸렌다이아민이염산염 0.1 % 용액(시약 0.1 g을 100 mL의 NO_2^-을 포함하고 있지 않는 순수에 녹여서 제조) 50 mL를 가하고, 다시 증류수을 가해서 전량을 1 L로 한다. 조제된 시약은 갈색병에 넣어 냉암소에 보관한다.

(2) 구입 또는 조제한 흡수액을, [그림 3-18]에 따라 여지에 함침시킨다. 시판의 직경 47 mm의 유리섬유여지 또는 석영여지(여의치 않을 경우에는 약간 두꺼운 일반 종이도 무방)에 스포이드를 이용해 군데군데 약 7 ~ 8곳 떨어뜨려 자연히 스며들게 한다.

[그림 3-18] 살츠만 시약을 함침시킨 여지의 준비

(3) [그림 3-19]와 같이, 살츠만 시약을 함침시킨 여지를 굴뚝으로 부터 배출되는 가스에 접근시켜 NO_2가스를 측정한다. 이때 배출가스는 고온 상태이므로 긴 핀셋을 사용하여 여지를 접근 시킨다.

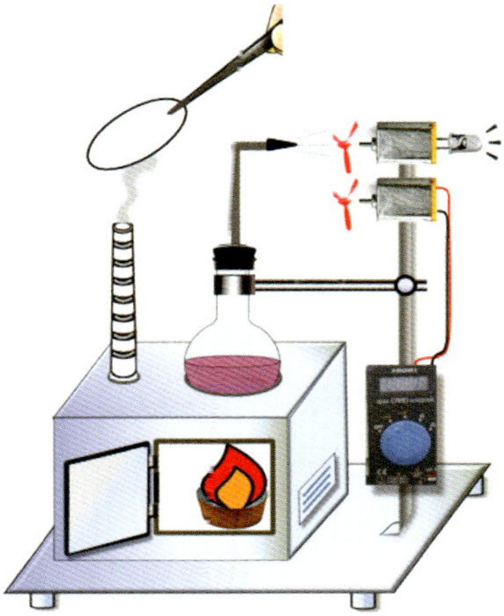

[그림 3-19] 살츠만 시약을 함침시킨 여지를 이용한 이산화질소가스의 측정

3.2.2 실험 결과

(1) 발전의 결과

[그림 3-20, 21]에 증기에 의해 회전하고 있는 프로펠러와 빛을 발하는 LED의 모습, 그리고 발전의 결과를 보여주고 있는 전압 측정계를 나타내었다. 프로펠러의 회전속도는 증기가 닿는 프로펠러의 위치에 따라 차이를 보일 수 있으므로, 증기의 위치를 바꿔가며 LED의 밝기나, 전압 측정계(테스터기)의 전압을 확인하는 것이 바람직하다.

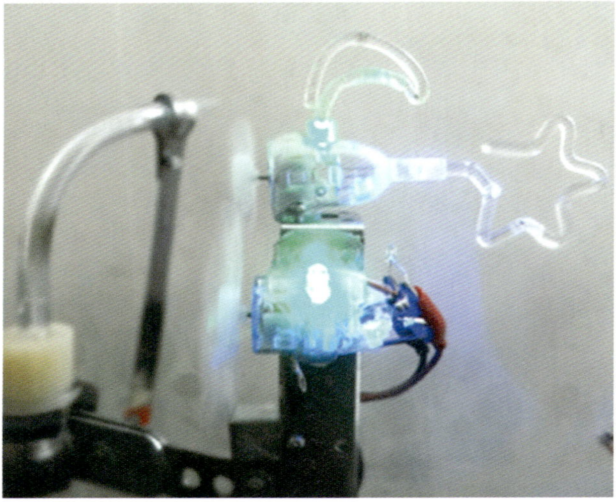

[그림 3-20] 증기에 의해 회전하는 프로펠러와 빛을 발하는 LED의 모습

[그림 3-21] 전압 측정계를 이용한 발전의 확인

(2) 배출가스 측정결과

[그림 3-22]에 혼합연료 연소 후, 굴뚝에서 나오는 매연의 모습을 나타냈다.

[그림 3-22] 굴뚝에서 나오는 매연의 모습

[그림 3-23]에 질소산화물가스 측정 후의 검지관의 색깔변화를 나타내었다.

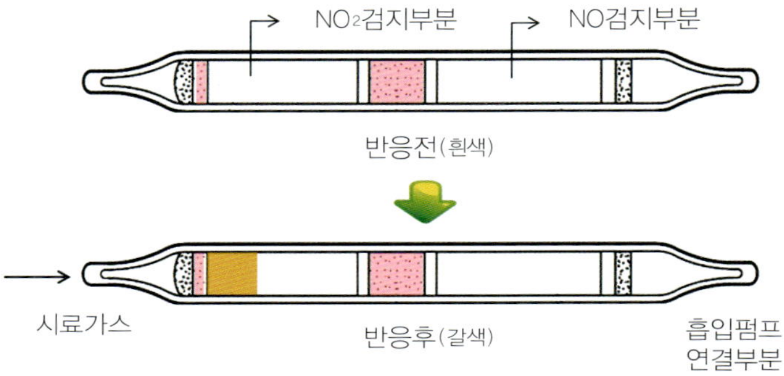

[그림 3-23] 질소산화물가스 측정 후의 검지관의 색깔 변화

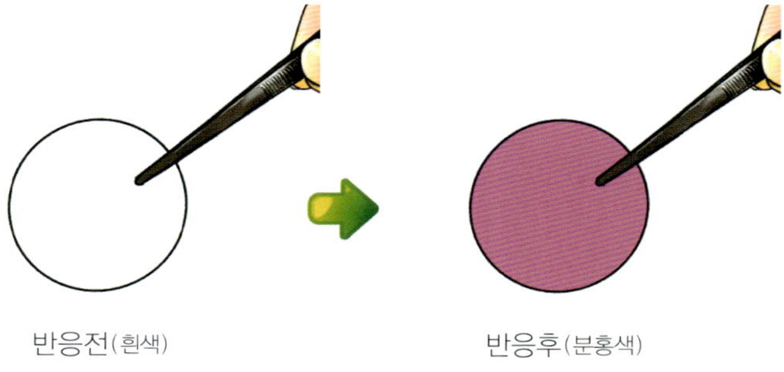

[그림 3-24]살츠만 시약을 함침시킨 여지를 이용한 배출가스 중 NO_2 가스의 확인

[그림 3-24]에 살츠만 시약을 함침시킨 여지가, 굴뚝을 통해 배출되는 배출가스 중에 존재한 NO_2 가스에 의해 색깔이 변색된 결과를 나타내었다.

〈표 3-1〉 모델 실험결과

분 류	1회	2회	3회	평균
발전량 (W)	0.35	0.35	0.35	0.11
NO_2 (ppm)	0.5	0.6	0.5	0.53
CO (%)	0.6	0.5	0.6	0.56

〈표 3-1〉에 3회 실시한 모델 실험의 결과를 나타내었다. 표 안의 발전량(W)는 전압(V)와 전류(A)(여기에서는 0.3A)를 곱하여 구하였다. 배출가스 중 NO_2 농도의 3회 평균치는 우리나라 대기환경기준치(1시간 평균치 0.1ppm)의 5배 이상이었고, CO의 농도 0.56%는 대기환경기준 1시간 평균치 25ppm의 224배에 달했다.

3.3 보다 손쉽게 만들 수 있는 모델 장치

3.2장에서 설명한 모델 실험 장치는 연소실의 제작이 다소 어려우므로, 여기에서는 보다 손쉽게 만들 수 있는 모델 장치를 소개하고자 한다. 앞서 소개한 모델 실험 장치와 크게 틀린 점은 두꺼운 함석판으로 연소실을 만들지 않아도 된다는 점이다.

3.3.1 모델 장치의 구성과 소재

구성은 연소실과 보일러(둥근바닥 플라스크) 부분과 모터, 전원 테스터기가 부착된 삼각대의 부분이 분리된 상태의 모델 장치이다. [그림 3-25]에 완성된 모델 실험 장치를 나타내었다.

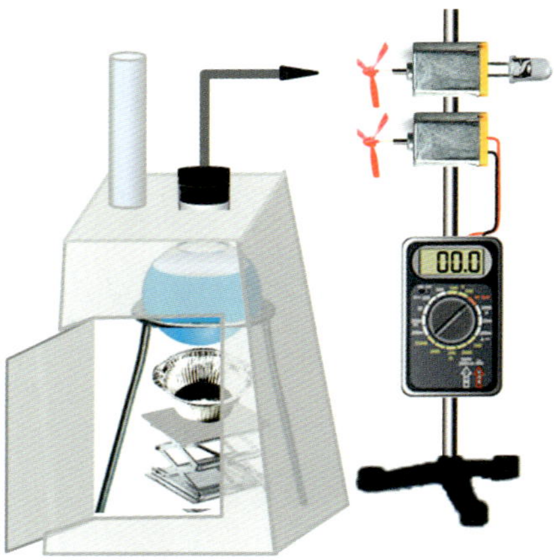

[그림 3-25] 완성된 모델 실험 장치

1) 연소실 및 굴뚝

- 재질 : 시판의 두꺼운 알루미늄박(주방의 가스렌지 주위에 쓰이는 시판의 알루미늄호일)
- 크기 : 연소실은 삼각대와 플라스크를 세트 시킨 후, 그 크기에 맞추어 폭과 높이를 결정한다. 굴뚝은 직경 2 ~ 3 cm, 높이 약 20 cm 정도가 바람직하다.

[그림 3-26, 27]에 연소실과 굴뚝 제작에 필요한 도면을 나타내었다. 그림 중 도면의 겹치는 부분은 내열성이 큰 알루미늄 테이프로 고정 시킨다.

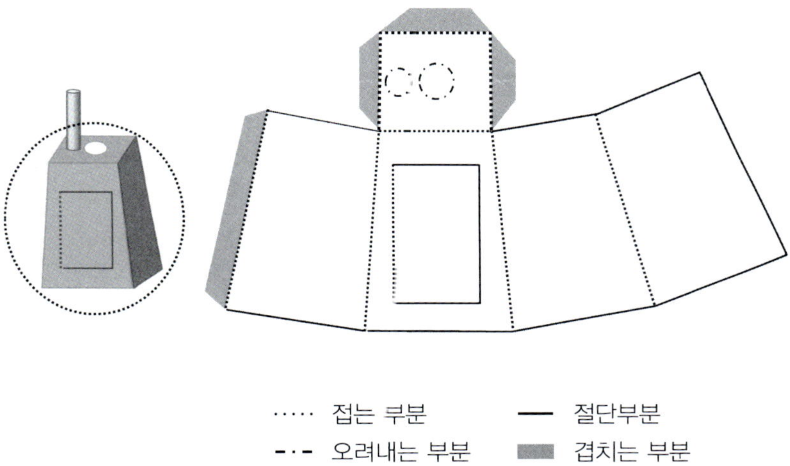

[그림 3-26] 연소실의 도면

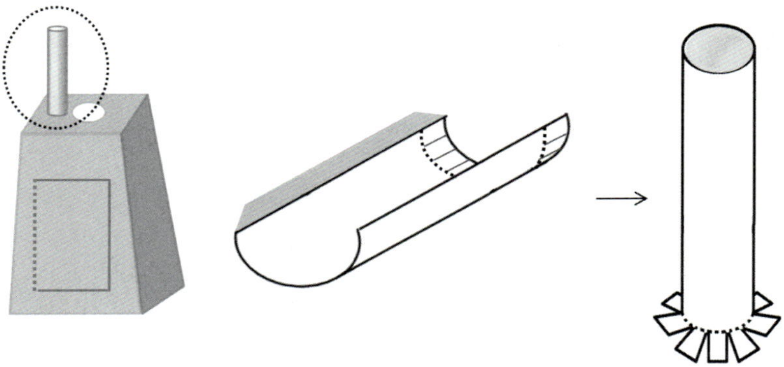

····· 접는 부분 — 절단부분 ▬ 겹치는 부분

[그림 3-27] 굴뚝의 도면

2) 기타 소재: 실험용 스탠드, 삼각대, 클램프, 알콜램프(또는 실험용 가스버너)가 새로이 필요하며, 나머지 발전에 필요한 소형모터 등은 앞서 설명한 모델 실험 장치의 소재와 같다.

3.3.2 조립 및 실험모습

1) [그림 3-28]과 같이, 실험용 스탠드에 전압 측정계, 소형모터를 고정시킨다.

[그림 3-28] 실험용 스탠드에 전압 측정계, 소형모터를 고정한 모습

2) [그림 3-29]와 같이 혼합연료를 담은 용기(또는 실험실용 가스 버너)를 위치시키고, 내열성 튜브 등으로 증기 배출관을 연결한다. 이때 실험실용 가스는 도시가스가 바람직하다. 도시가스 사용의 이점으로는, 혼합연료의 조제가 불필요하다는 점, 안정적으로 증기를 배출시킬 수 있다는 점이며, 또한 도시가스를 사용해도 간이 검지관법을 이용해 NO_2를 충분히 측정할 수 있다.

[그림 3-29] 삼각대에 혼합연료 용기와 둥근 바닥 플라스크를 위치시킨 후, 고무마개에 증기 배출관까지 연결한 모습

3) [그림 3-30]과 같이, [그림 3-29]의 세트에 알루미늄호일로 제작한 연소실과 굴뚝을 세트한다.

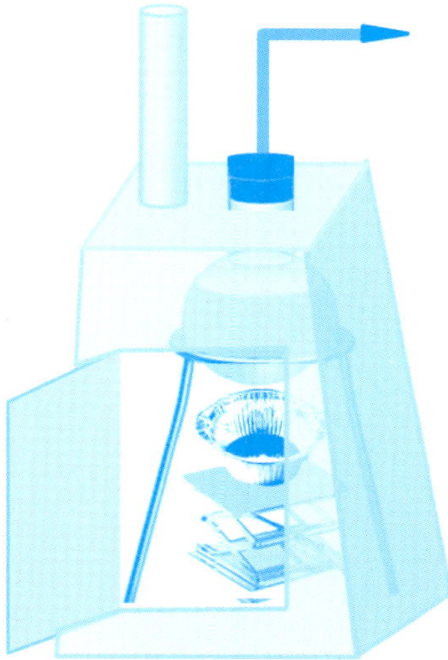

[그림 3-30] [그림 3-29]의 세트에 알루미늄호일로 제작한 연소실과 굴뚝을 세트한 모양

4) 완성된 모델 실험 장치의 혼합연료를 점화하여, 분출되는 증기를 이용하여 발전하는 모습을 LED의 발광과 전원 테스터기를 이용하여 확인한다. 또한, 굴뚝으로부터 나오는 배출가스를 검지관법으로 측정한다[그림 3-31].

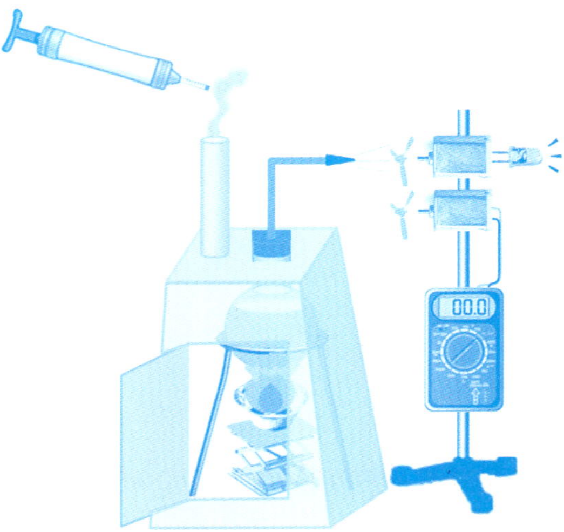

[그림 3-31] 혼합연료를 점화하여 분출되는 증기를 이용하여 발전하는 모습과 굴뚝으로부터 나오는 배출가스의 측정모습

제4장 지구온난화 모델 실험

제4장에서는 생활주변에서 쉽게 접할 수 있고 재활용할 수 있는 재료를 이용하여, 학습자 자신이 직접 제작 가능한, 간이적인 지구온난화 모델 장치의 제작방법을 소개한다. 완성된 모델 장치를 이용하여 피교육자 스스로 기획하고 참여할 수 있는 지구온난화 모델 실험을 통해서, 에너지 사용과 그에 따른 지구규모의 환경문제로서의 지구온난화에 대해, 그 원리를 모델 실험을 통해 이해할 수 있을 뿐만 아니라, 에너지 이용과 환경문제의 상호관계를 보다 현실적인 문제로 인식하여 환경보전에 대한 의식을 함양 시키고자 하였다.

4.1 모델 장치 만들기

상세한 제작 과정을 설명하기 앞서, 우선 전체적인 이미지가 가능하도록 완성 후의 지구온난화 모델 실험 장치의 모양을 [그림 4-1]에 나타내었다. 그림을 통해 알 수있듯이 온난화 모델 실험 장치는 이산화탄소를 비롯한 온실가스를 넣을 용기, 태양을 대신한 적외선램프, 가스주입부, 온도측정부로 구성되었다.

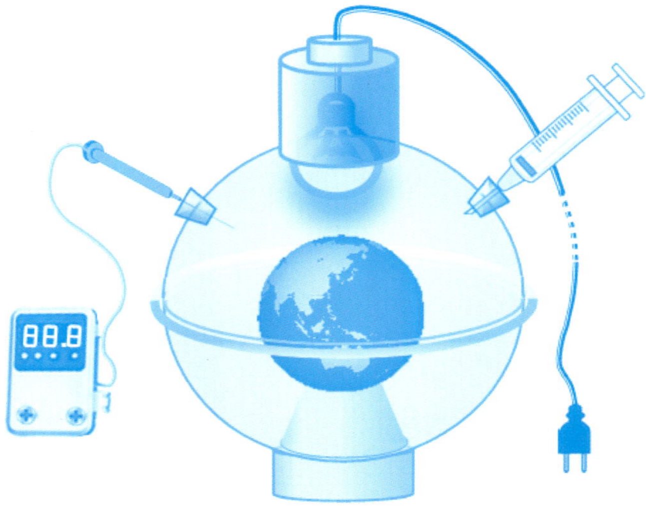

[그림 4-1] 완성 후의 지구온난화 모델 실험 장치

4.1.1 지구온난화 모델 실험 장치의 구성 및 조립

[그림 4-2]부터 [그림 4-8]까지 지구온난화 모델 실험 장치의 제작 과정을 상세히 설명 하였다. 앞서 언급 하였다시피, 가능한한 생활주변에서 학습자가 저가로 쉽게 구할 수 있는 재료를 사용하여, 제작이 가능하도록 고려하였다.

1) 용기의 밑부분

- 재료 : 제빵 시 반죽 등에 사용되는 투명 아크릴 용기
- 크기 : 직경 약 15 ~ 25 cm

· 두께 : 수 mm

2) 용기 받침대

· 재료 : 시판되는 플라스틱 화분 받침대 등 밑이 둥근 용기를 안정시킬 수 있는 것.

· 크기 : 직경 약 10 ~ 15 cm

[그림 4-2] 받침대를 붙인 아크릴 반구형 용기(실험장치의 아랫부분)

3) 지구본(필수적인 것은 아님)

· 재료 : 완구점에서 판매하는 장난감 지구본

· 크기 : 직경 약 5 ~ 10 cm

[그림 4-3] 지구본을 용기 안쪽에 고정시킨 모습

4) 용기의 윗부분

- 재료 : 제빵 시 반죽에 사용되는 투명 아크릴 용기
- 크기 : 직경 약 15 ~ 25 cm
- 두께 : 수 mm
- 기타 : 적외선램프, 온도센서, 가스주입구의 구멍을 뚫음

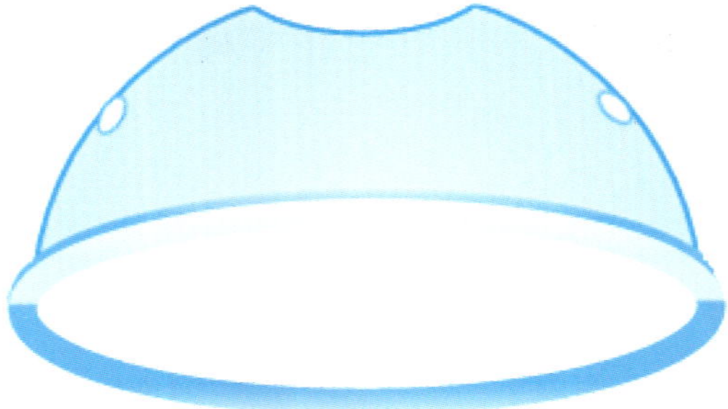

[그림 4-4] 적외선램프를 연결할 구멍과 가스주입부 및 온도센서 구멍을 낸 아크릴 반구형 용기(실험장치의 윗부분)

5) 적외선 램프

· 재료 : 시판되는 적외선램프

· 소비전력 : 100 W

· 기타 : 적외선램프의 케이스로는 적외선램프의 직경보다 2 ~ 3 cm 큰 PVC 파이프를 잘라서 사용함.

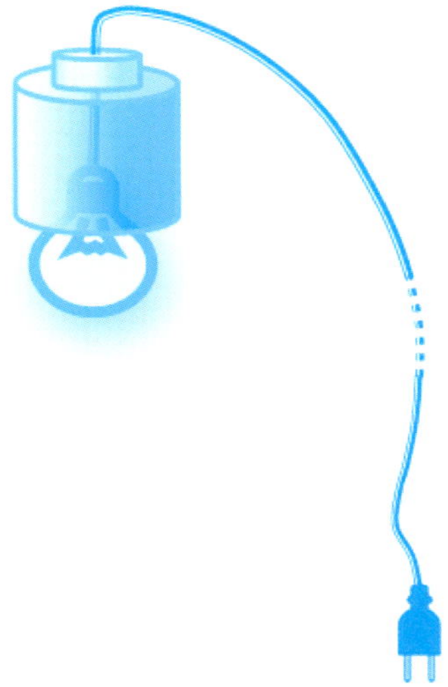

[그림 4-5] 적외선램프와 케이스

[그림 4-6] 반구형 아크릴용기(실험장치의 윗부분)에 적외선램프를 고정시킨 모습

반구형 아크릴용기(실험장치의 윗부분)에 적외선램프를 고정시킬 때에는, 글루 건(glue gun) 을 사용하는게 편리하며, 이때 주의사항으로는 실험 시 주입된 가스가 누출되지 않도록 빈틈없이 접착시켜 주어야 한다.

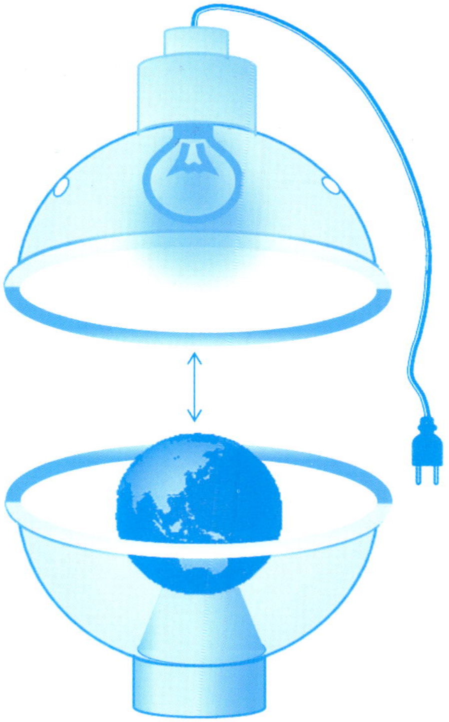

[그림 4-7] 결합시키기 전의 실험장치 상하부의 모습

상하의 반구형 아크릴용기를 고정시킬 때에는, 실리콘(또는 볼트)등을 사용하는게 편리하며, 이때 주의사항으로는 실험 시 주입된 가스가 누출되지 않도록 빈틈없이 접착시켜 주어야 한다.

6) 온도계

· 재료 : 시판되는 바늘형 센서 디지털 온도계

· 감도 : 0.1℃

4.1.2 조립 후의 모델 실험 장치

[그림 4-7]과 같이 실험장치 상하부를 결합시킨 후, 우선 직경 약 2 cm정도의 고무마개를, 미리 뚫어 놓은 용기 윗부분의 구멍에 힘을 주어 끼워넣은 다음, 디지털 온도계의 센서를 끼워 넣는다. [그림 4-8]에 지구온난화 모델 실험 장치의 전체적인 제작 과정을 나타내었다.

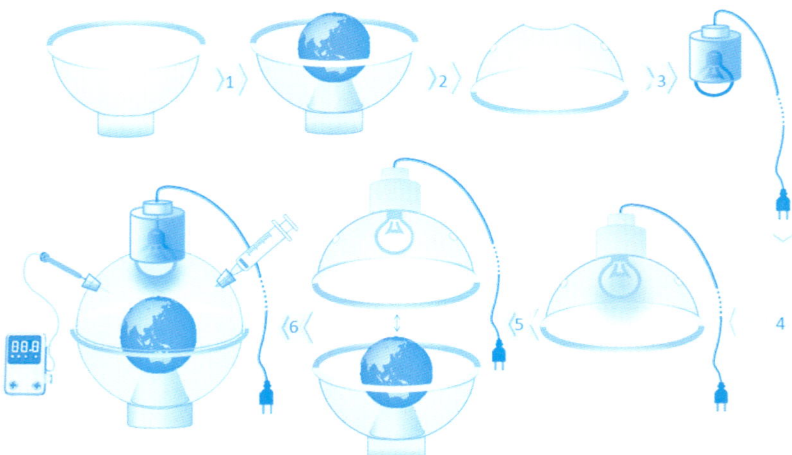

[그림 4-8] 지구온난화 모델 실험 장치의 전체적인 제작 과정

[사진4-1] 제작 완성 후의 실제 지구온난화 모델 실험 장치를 나타내었다.

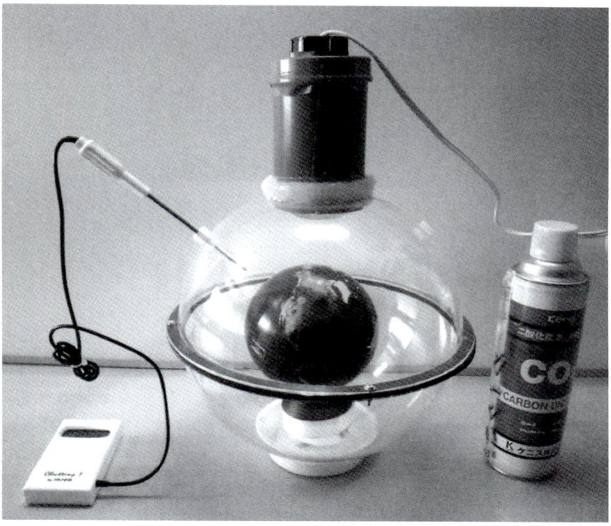

[사진 4-1] 제작 완성 후의 실제 지구온난화 모델 실험 장치

4.2 모델 실험

4.2.1 실험 순서

(1) [사진4-1]과 같은 모델 실험 장치를 세 세트(공기, 이산화탄소가스, 메테인가스용) 제작한다. 온도센서와 지구본까지의 거리는 세 세트의 모델 장치 모두 똑같이 하는 것이 필수적이다.

(2) 각각 모델 장치의 디지털 온도계에 동시에 전원을 넣어, 수 분정도 안정화 시킨다.

(3) 이산화탄소용 모델 실험 장치에 [그림 4-9]와 같이 주사기(100 mL)를 이용하여 이산화탄소(시중에 캔 형태로 판매되고 있음)를 채취한 후, 모델 실험 장치의 가스 주입(고무마개)를 통해 주입한다.

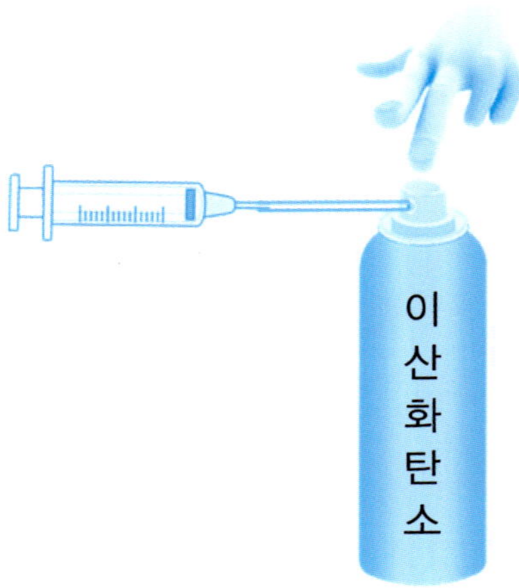

[그림 4-9] 주사기(100 mL)에 시판용 이산화탄소를 주입시키는 모습

주의사항 : 두 번째 이후의 모델 실험의 경우에는, 위의(3)의 가스주입 조작 전에 세 세트의 모델 실험 장치 중 공기용(대조실험용)을 제외하고 나머지 두 세트 즉, 이산화탄소가스와 메테인가스 주입용 모델 장치로부터 이전의 실험에 주입된 가스를 반드시 완전히 빼낼 필요가 있다. 그 이유는 이전의 실험 때 이미 주입된 가스잔량의 영향을 받을 수 있기 때문이다. 가스를 제거하는 방법으로는 윗부분 용기의 두 곳의 고무마개를 일시적으로 용기로부터 빼낸 후, 용량이 큰 별도의 주사기를 이용해 수차례 내부의 가스를 빼낸다.

(4) 메테인가스용 모델 실험 장치에는 가정 또는 실험실에 설치된 도시가스(약 95%의 메테인이 함유되어 있음)용 가스레인지로부터, 주사기를 이용해 100 mL를 채취한 후 모델 실험 장치 내에 주입한다.

(5) 디지털온도계의 온도가 안정 되었는지를 확인한 후, 동시에 세 세트의 모델 실험 장치의 적외선 램프의 전원을 켠다.

(6) 온도가 약 40℃(또는 50℃)까지 상승할 때 까지, 1분(또는 2분)간격으로 온도변화를 기록한다. 온도가 40℃(또는 50℃)에 다달았으면, 차례로 적외선램프의 전원을 끄고, 온도변화 결과를 [그림 4-10]과 같은 방안지에 도표로 작성한다. 또는 직접 엑셀 등과 같은 도표작성 소프트를 이용해 컴퓨터로 도표를 작성한다.

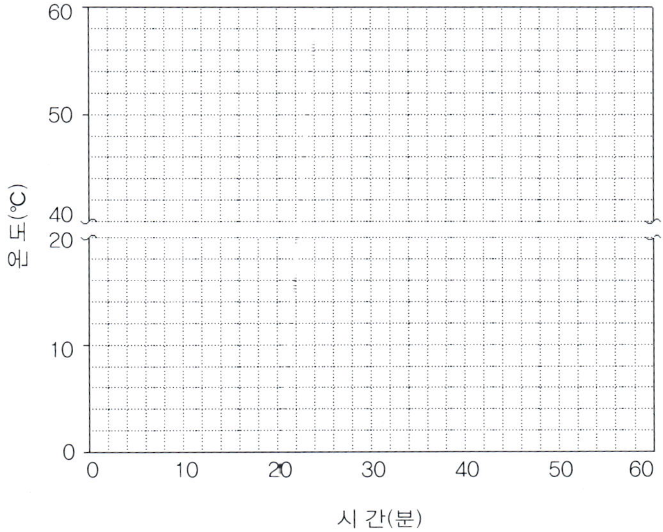

[그림 4-10] 실험결과 기록용 용지

4.2.2 실험 결과

[그림 4-11]에 온실가스인 이산화탄소와 메테인 그리고 대조실험용 공기를 대상으로 하여 실시한 지구온난화 모델 실험의 결과를 나타내었다.

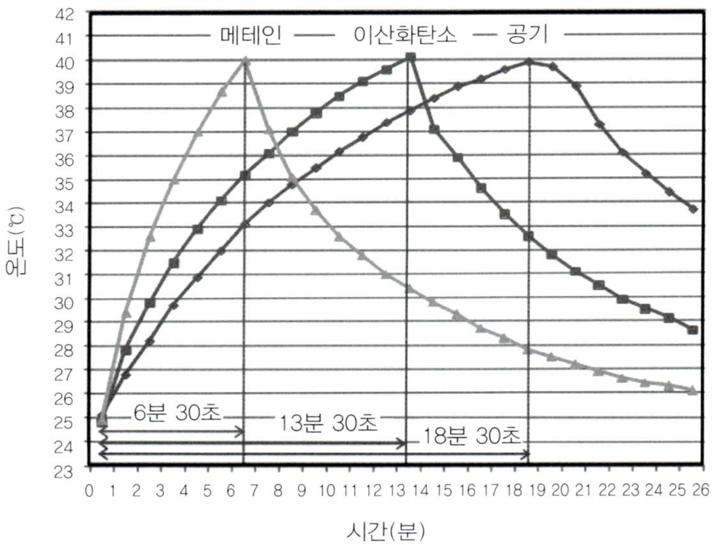

[그림 4-11] 지구온난화 모델 실험 장치를 이용한 실험의 결과

[그림 4-11]에서 알 수 있듯이, 세 세트의 모델 장치의 초기온도 25℃로 안정되었고, 실험 목표 온도인 40℃ 까지는 메테인이 6분 30초, 이산화탄소가 13분 30초, 그리고 대조실험인 공기를 주입한 경우가 18분 30초가 소요되었다.

4.3 보다 손쉽게 만들 수 있는 모델 장치

여기에서는 보다 간단하게 만들 수 있는 지구온난화 모델 실험 장치를 소개한다. 장치 제작에 필요한 재료는 4.1장에서 소개한 용기와 용기 받침대를 제외하고는 거의 같다. [그림 4-12]에 완성된 모델 장치를 나타내었다. 이 모델 장치의 특징으로는, 적외선램프가 용기의 바깥쪽에 위치하고 있다는 점이다. 아래에 제작 과정을 소개한다.

(1) 용기의 재료로써 주유 시에 사용되는 시판용 깔대기(직경 약 10 ~ 15 cm)를 두개 준비한다. 실험 시에는 깔때기의 표면에 적외선램프를 조사하므로 어느 정도 내열성이 요구되나, 시판의 깔대기를 사용하여도 녹거나 변형되는 경우는 드물다.

(2) 상하 깔대기의 밑부분(용기에 삽입되는 부분)을 직경 1 ~ 1.5 cm 정도로 고무마개가 들어갈 스 있도록 절단한다.

(3) 상하 깔대기를 접착제나 실리콘으로 고정한 후, 상하 깔대기 밑부분에 [그림 4-12]를 참고하여, 고무마개를 힘을 주어 삽입한다.

(4) 디지털온도센서를 아랫 쪽의 고무마개에 찔러 넣는다. 이때 용기 내부에 삽입된 온도센서의 길이는 세 세트의 모델 장치 모두 동일하게 맞추는 것이 필수적이다. 위쪽의 고무마개는 해당 가스의 주입구로 사용한다.

(5) 실험실에서 사용하는 스탠드류(뷰렛스탠드 등)의 상단에 적외선, 하단에 용기를 고정시킨다. 이때 적외선램프와 깔때기와의 거리(약 10 cm)는 세 세트의 모델 장치 모두 반드시 동일하게 맞추는 것이 필수적이다.

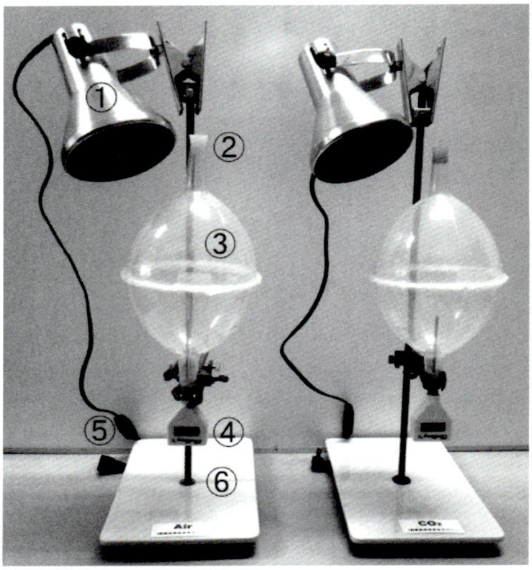

〈공기용〉 〈이산화탄소용〉

① 적외선램프 ② 고무마개
③ 투명한 깔때기 ④ 온도계
⑤ 적외선램프 스위치 ⑥ 실험용 스탠드

[그림 4-12] 보다 손쉽게 만들 수 있는 지구온난화 모델 장치

제5장 산성비 모델 실험

제5장에서는 국지적 또는 국제적인 환경문제의 하나인 산성비에 대해서, 그 발생 메카니즘을 알기쉽게 재현할 수있는 모델 장치를 제안하고, 또 상세한 제작 방법을 소개한다. 본 장에서 소개하는 모델 장치 역시, 생활주변에서 쉽게 구할 수있고 재활용 할 수 있는 재료를 이용하여, 학습자 자신이 직접 제작이 가능하다. 또한 제작된 모델 장치를 사용하여 시각적으로 산성비의 생성원리를 확인하고 이해할 수 있다.

본장에서 소개하는 간이 모델 장치는 두 가지로, 한 가지는 지시약을 이용해 산성비를 확인하는 원리(모델 실험 장치(Ⅰ))이고, 나머지 한 가지(모델 실험 장치(Ⅱ))는 모델 실험 장치(Ⅰ)과 더불어 pH 미터를 이용해, pH를 측정함으로써 산성비의 확인이 가능한 원리이다.

궁극적으로는 직접 만든 모델 장치를 이용하여 산성비 모델 실험을 수행하고, 더불어 환경보전에 대한 피교육자의 의식 함양을 목적으로 하였다.

5.1 모델 장치 만들기

5.1.1 산성비 모델 실험 장치(Ⅰ)의 구성 및 조립

제작 과정의 설명에 앞서, 제작 완성 후의 산성비 모델 실험 장치의 모양을 [그림 5-1]에 나타내었다. 그림을 통해 알 수 있듯이 모델 장치는 본체, 인공비 강하에 필요한 수동펌프, 산성비 강하 튜브, 빗물 저장 용기 그리고 산성가스 주입기로 구성 되었다.

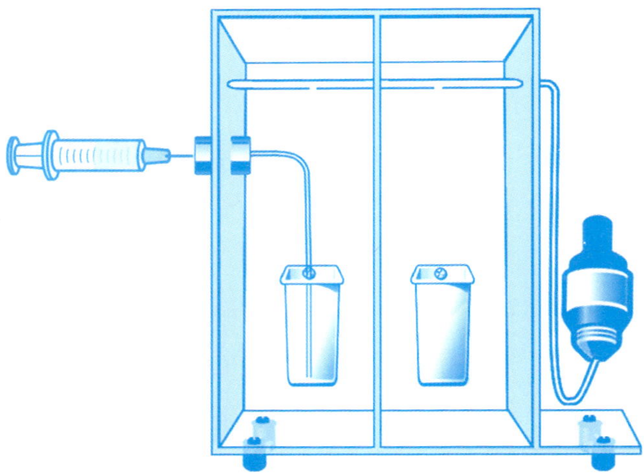

[그림 5-1] 제작 완성 후의 산성비 모델 실험 장치(Ⅰ)

[그림 5-2]부터 [그림 5-9]까지 산성비 모델 실험 장치(Ⅰ)의 제작 과정을 상세히 설명하였다. 여기서 부터는 모델 실험 장치의 재료 및 단계별 제작법을 소개한다.

1) 모델 실험 장치의 받침대

· 재료 : 투명 아크릴판(또는 압축 스티로폼)

· 크기 : 가로 17 cm × 세로 5 cm

· 두께 : 4 ~ 8 mm

· 기타 : 필요에 따라 받침대 밑의 네 곳에 냄비뚜껑 손잡이 등을 볼트로 고정 시킴

[그림 5-2] 모델 장치의 받침대 모습

2) 모델 장치 본체 중앙의 칸막이와 왼쪽, 오른쪽의 벽

· 재료 : 투명 아크릴판(또는 압축 스티로폼)

· 크기 : 가로 5 cm × 세로 15 cm (3 개)

· 두께 : 4 ~ 8 mm

· 기타 : 윗부분에는 직경 약 5 mm 정도의 구멍을 뚫어, 이곳에 [그림 5-3]과 같이 튜브를 끼워 넣는다. 그 다음에 왼쪽 오른쪽 각각의 칸의 중앙부분에 압핀 등으로 구멍을 낸다(이 구멍을 통해 모델 실험 시 빗방울을 떨어 뜨린다).

[그림 5-3] 모델 장치 중앙의 칸막이와 왼쪽, 오른쪽의 벽의 모습

[그림 5-4]와 같이 중앙 칸막이와 양쪽벽을 접착제로 받침대에 고정시킨다.

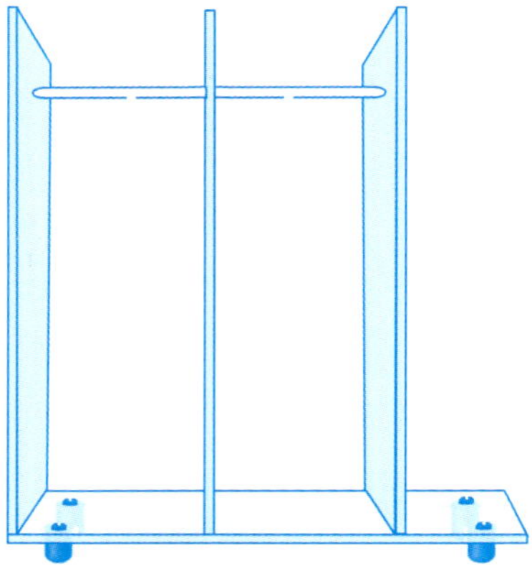

[그림 5-4] 모델 장치 중앙 칸막이와 양쪽벽을 받침대에 고정시킨 모습

[그림 5-5]와 같이 모델 장치 본체 뒤쪽 면에 패널 (가로 12 cm × 세로 15 cm) 을 부착한다. 이 뒤쪽 면의 패널은 투명하지 않아도 상관없다.

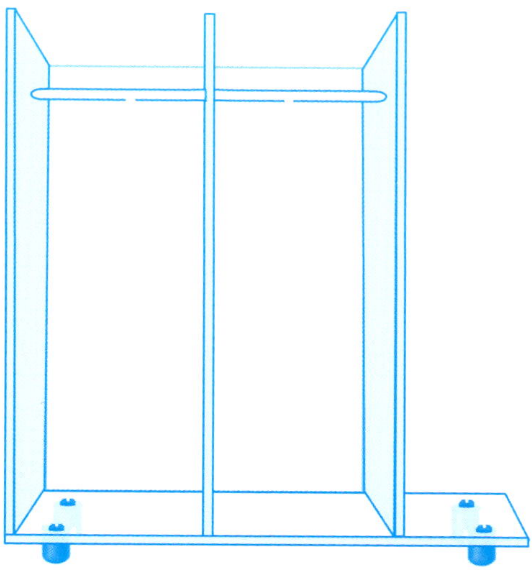

[그림 5-5] 모델 장치 뒤쪽 면에 패널을 부착한 모습

[그림 5-6]과 같이 장치 본체 왼쪽에 직경 약 1.5 cm 정도의 구멍을 뚫은 후 고무마개를 끼워 넣는다(이 고무마개를 통해 모델 실험 시 산성가스를 주입함).

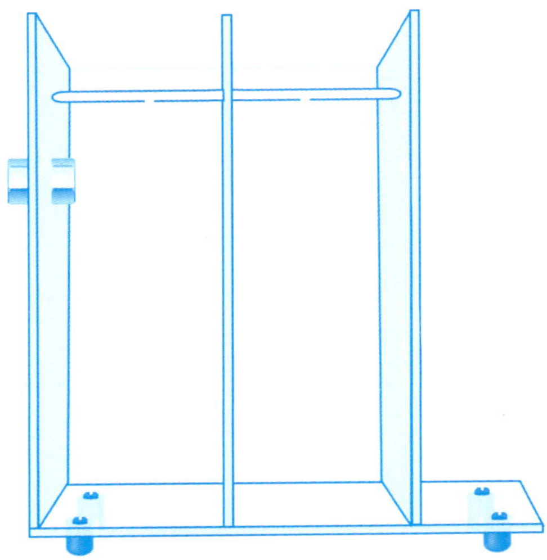

[그림 5-6] 모델 장치 본체의 왼쪽에 고무마개로된 가스 주입 부분을 부착한 모습

[그림 5-7]과 같이 실험장치 뒤쪽 면의 양쪽 하단에 빗방울 저장용기를 고정한다. 이 빗방울 저장용기는 모델 실험 시 지시약에 의한 빗물의 색깔 변화를 확인할 수 있게, 실험실에서 사용하는 투명한 1회용 흡광 광도계 셀(두께 약 1 cm × 높이 5 cm)등을 사용 하는 것이 좋다. 이때 중요한 것은 [그림 5-3]의 인공 빗방울이 떨어지는 구멍과 빗방울 저장용기의 입구가 수직이 되게 배치하여 고정시켜야 한다.

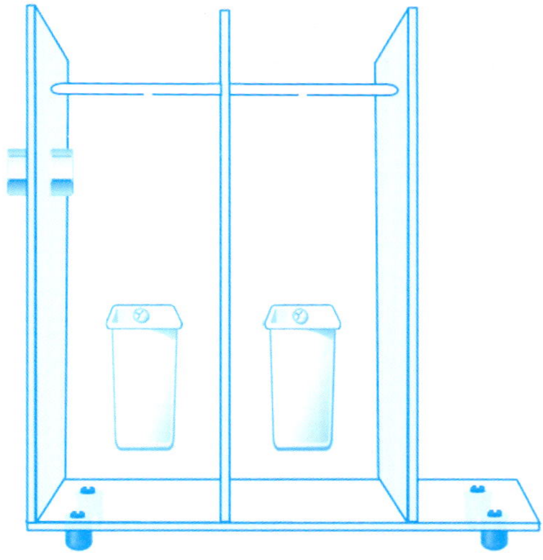

[그림 5-7] 모델 장치 뒤쪽 면 양쪽 하단에 빗방울 저장용기를 고정한 모습

[그림 5-8]과 같이, 먼저 장치 본체의 윗부분(가로 12 cm × 세로 5 cm)을 부착하고, 다음에 고무마개로 된 가스 주입부분과 빗방울 저장 용기를 가는 튜브로 연결한다. 이 가는 튜브를 통해 모델 실험 시 산성 가스가 인공 빗물로 주입된다. 가는 튜브의 재료로는 다 쓴 볼펜심을 라이터 등으로 열을 가해 구부린 것을 사용 하는 것이 좋다. 튜브의 끝은 빗방울 저장용기의 거의 밑부분에 닿을 정도로 접근시키는 것이 좋다. 그 이유는 모델 실험 시 산성가스를 실험장치의 외부에서 주사기로 주입을 시키는데, 산성가스가 지시약이 함유된 인공 빗물의 밑부분부터 천천히 퍼져가게 할 수 있기 때문이다.

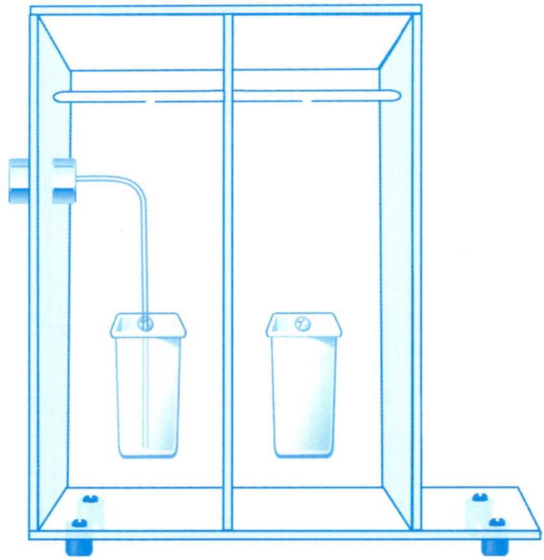

[그림 5-8] 모델 장치 본체의 윗부분을 부착하고 가스 주입부분과 빗방울 저장용기를 가는 튜브로 연결한 모습

[그림 5-9]와 같이 모델 장치 오른쪽 밑에, 인공 산성비를 내리게 하는데 필요한 수동펌프를 [그림 5-3]의 튜브에 연결한다. 수동펌프는 시판되는 피펫필러(pipette filler, rubber)나 10 mL 용량의 주사기를 사용하여도 된다.

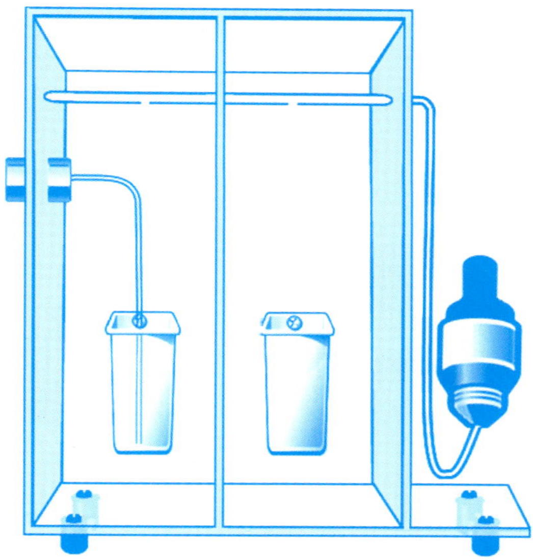

[그림 5-9] 모델 장치 오른쪽에 수동펌프를 부착한 모습

[그림 5-10]에 제작조립이 완성된 실제의 산성비 모델 실험 장치(Ⅰ)의 사진을 나타내었다.

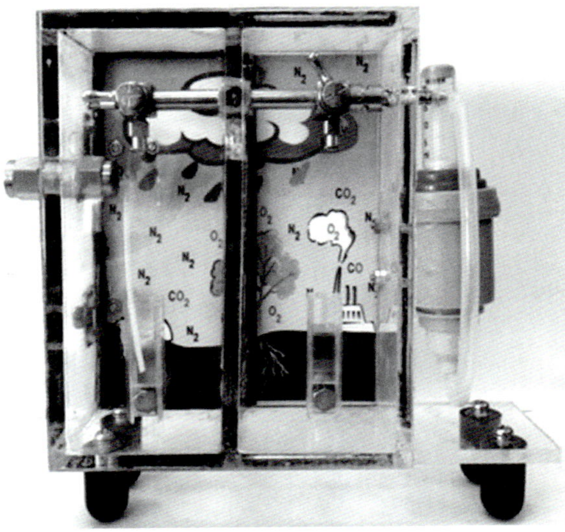

[그림 5-10] 실제의 산성비 모델 실험 장치(Ⅰ)

5.1.2 산성비 모델 실험 장치 (II)의 구성 및 조립

앞서 언급하였듯이, 모델 실험 장치(I)은 용액의 pH가 5.6 전후에서 변색하는 지시약을 미리 빗방울 저장용기에 몇 방울 넣고, 산성가스 주입 후의 빗물의 색깔 변화를 통해 산성비를 확인하는 원리이다.

여기에서는 이러한 시각적인 산성비 재현실험에 추가하여, 실제 pH의 변화를 측정하여 빗물의 산성화를 확인하는 모델 실험 장치(II)의 제작방법을 소개한다. [그림 5-12]부터 [그림 5-15]까지 산성비 모델 실험 장치(II)의 제작 과정을 상세히 설명하였다. 제작 과정의 설명에 앞서, 제작 완성 후의 산성비 모델 실험 장치(II)의 모양을 [그림 5-11]에 나타내었다. 그림을 통해 알 수 있듯이, 모델 실험 장치(I)에 전극형 디지털 pH 미터, 인공 빗방울과 전극이 들어가는 용기가 추가적으로 부착된다.

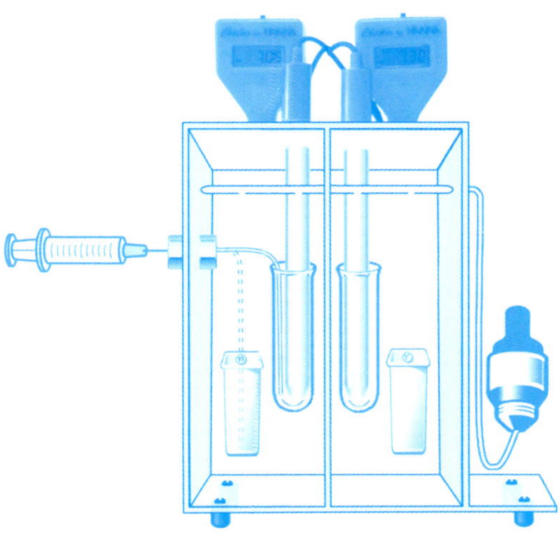

[그림 5-11] 제작 완성 후의 산성비 모델 실험 장치(II)

먼저 [그림 5-12]와 같이, 장치 윗부분의 양쪽에 직경 1.5 cm 정도의 구멍을 뚫는다. 이 구멍은 디지털 pH 미터의 전극이 통과될 장소이다. 그리고 튜브에 새롭게 뾰족한 송곳 등으로 두 곳에 구멍을 낸다. 모델 실험 장치(Ⅱ)에 새롭게 부착되는 pH 미터는 가능한한 소형이고, 감도는 최소한 소숫점 이하 첫째자리가 바람직하며, 또한 전극은 가는 것일수록 좋다.

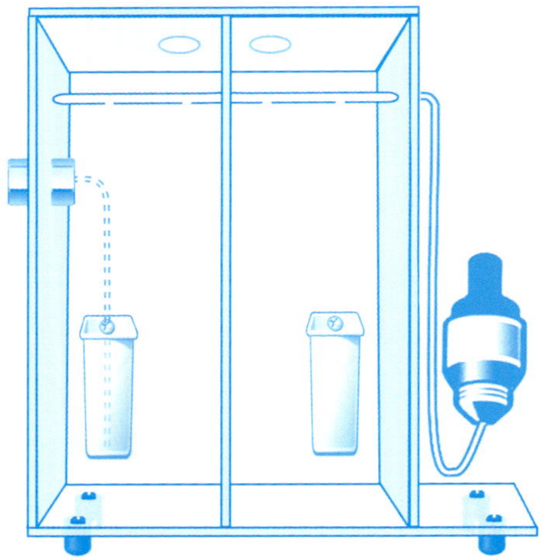

[그림 5-12] 모델 장치 윗부분에 직경 1.5 cm 정도의 구멍을 양쪽에 뚫고 튜브에 송곳 등으로 구멍을 낸 모습

[그림 5-13]과 같이, 장치의 본체 윗부분의 pH 미터 전극이 통과하는 구멍에 수직이 되게 별도의 빗방울 저장용기를 부착한다. 이때 사용되는 용기는 pH 미터의 전극보다 직경이 수 mm정도 큰 것이 좋으며, 그 이유는 적은 양의 빗물로도 용기의 상단까지 채워질 수 있게 할 필요가 있기 때문이다. 용기의 재료로 플라스틱 시험관 등을 선택하는 것도 좋다. 이 때 중요한 것은 [그림 5-12]의 새롭게 뚫은 인공 빗방울이 떨어지는 튜브의 구멍과, 빗방울 저장용기의 입구가 수직이 되게 배치하여 고정시켜야 된다는 점이다.

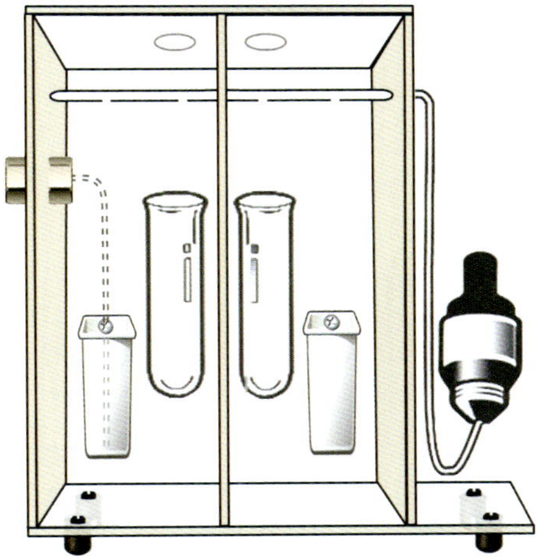

[그림 5-13] 모델 장치 윗부분의 구멍에 수직이 되게 별도의 빗방울 저장용기를 부착한 모습

다음으로, [그림 5-14]와 같이 pH 미터가 삽입될 빗방울 저장용기에 가스주입 튜브를 연결한다. 이 가는 튜브를 통해 모델 실험 시 산성가스가 빗방울 저장용기 안의 인공 빗물로 주입된다. 이 가는 튜브 역시, 재료로는 다 쓴 볼펜심을 라이터로 열을 가해 구부린 것을 사용하는 것이 좋다. 또한, 앞서 설명한 바와 같이, 튜브의 끝은 빗방울 저장용기의 거의 밑부분에 닿을 정도로 접근시키는 것이 좋다. 이 튜브는 지시약을 사용한 모델 실험 후에, pH 미터를 이용한 모델 실험을 할 경우에는, 추가적으로 튜브를 제작할 필요는 없고, [그림 5-8]에서 제작한 튜브를 pH 미터의 전극이 삽입된 용기에 이동시켜 사용하면 된다.

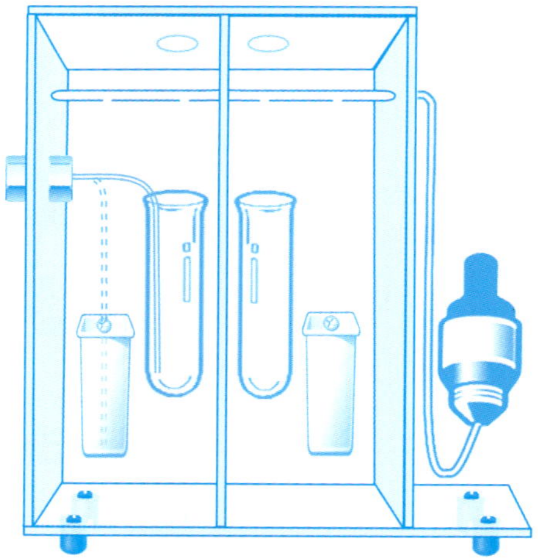

[그림 5-14] pH 미터 전극이 삽입될 빗방울 저장용기에 가스주입 튜브를 연결한 모습

[그림 5-15]와 같이, 모델 장치 양쪽에 pH 미터를 고정하고, 전극은 미리 뚫어 놓은 구멍에 통과 시킨다.

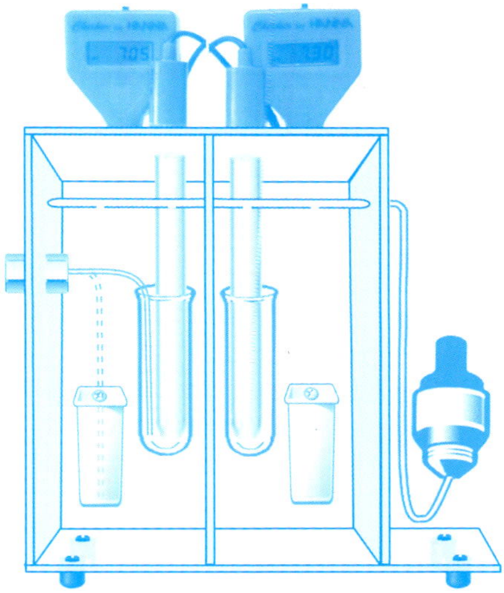

[그림 5-15] 모델 장치 양쪽에 pH 미터와 전극을 고정한 모습

지금까지의 제작조립 과정에 의해 완성된, 모델 장치의 내부가 알기쉽게 [그림 5-16]에 본체 뒷쪽에서 본 모델 장치 내부 모습을 나타내었다.

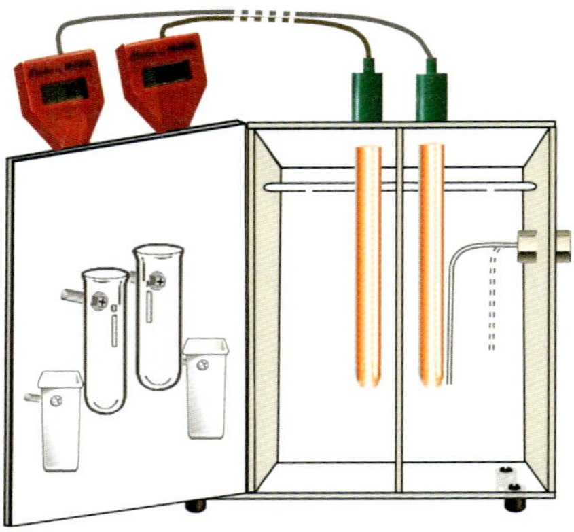

[그림 5-16] 본체 뒷쪽에서 본 모델 장치 내부모습

[그림 5-17]에 완성 후의 모델 실험 장치(Ⅱ)의 모습을 나타내었다.

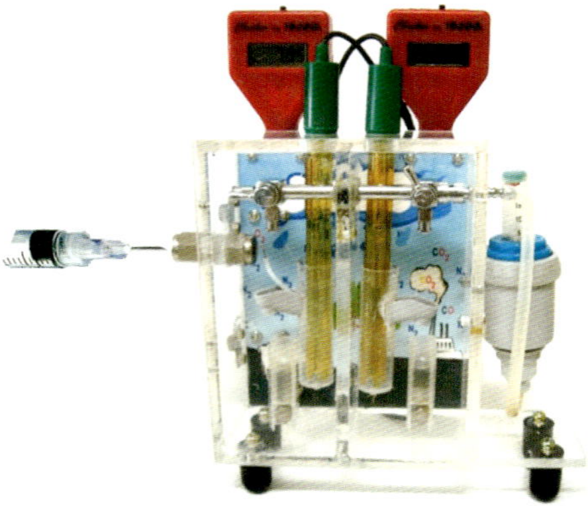

[그림 5-17] 완성 후의 모델 실험 장치(Ⅱ)

5.2 모델 실험

제1장에서 설명 하였듯이 산성비의 기준이 되는 pH는 5.6이다. 따라서 산성비 모델 실험에 사용하는 인공비로써 pH 5.6정도의 용액을 사용하면, 소량의 산성가스의 주입에도 인공 빗물의 pH가 내려가, 미리 넣어 두었던 지시약에 의해 색깔이 변하여 산성비의 확인이 쉬워짐과 동시에 실험 시간도 단축시킬 수 있다.

5.2.1 실험 순서

(1) 인공비로써 사용될 pH 5.6 정도의 용액을 준비한다. 정확한 pH 5.6의 용액을 만들기 어려우므로, pH 5.6 정도의 시판되는 화장수 등으로 대체한다.

(2) 모델 장치 오른쪽에 위치한 수동펌프(10 mL용량의 주사기 등)에 (1)의 용액을 5 mL 정도 넣는다.

(3) 수동펌프(주사기)의 피스톤을 천천히 눌러, 빗방울을 떨어 뜨린다. 용기에 모인 빗물의 양이 용기의 절반 정도될 때까지 떨어뜨린다.

(4) [그림 5-1]에 나타낸 산성비 모델 실험 장치(I)의 하단에 위치한 양쪽의 빗방울 저장용기에 시판되는 BCG (Bromocresol Green) 지시약을 한 방울 떨어뜨린다.

참고사항 :

· BCG 지시약
· 종류 : 산, 알칼리 지시약
· 변색범위 : pH 3.8 (노랑) ~ pH 5.4 (파랑)
· 제조 방법 : Bromocresol Green 0.04 g을 에탄올 20 mL에 용해하고 물을 채워 100 mL로 한다.
· 기타 : 적정액 100 mL당 1 ~ 5 방울을 사용한다.

(5) 산성가스를 준비한다.

산성가스로는 자동차 배출가스 등을 채취하여 모델 실험에 사용하는 것이 바람직하지만, 채취가 쉽지 않고 시간이 걸리기 때문에, 시판되는 빙초산(또는 시약으로 판매하는 초산액)의 증기를 사용하는 것도 좋다.

주의사항 :

시판되는 빙초산 (또는 시약으로 판매하는 초산액)의 증기는 사람이 흡입 시 자극적이므로, 증기를 주사기로 뽑을 때에는, 환기시설이 설치된 장소나 실험실의 드래프트 후드의 안에서 시행한다. 주사기로 뽑는 방법으로는, 가로, 세로 약 2 cm 정도의 크기로 자른 파라필름을 두 장 정도 미리 준비를 해놓고, 용기의 뚜껑을 연 후 즉시 파라필름으로 마개를 한 후, 주사기 바늘을 파라필름을 통과시켜 일정량 (약 10 mL)의 증기를 뽑는 것이 바람직하다.

(6) [그림 5-1]에 나타낸 산성비 모델 실험 장치(I)의 왼쪽에 위치한 고무마개(가스 주입부분)에, 산성가스를 채취한 주사기를 찔러 넣고, 빗방울 저장용기에 가능한 천천히 산성가스를 주입한다. 산성가스 주입량은 빗물의 색깔이 변할 때까지의 양으로 한다.

(7) 대조 실험용인 모델 장치 오른쪽의 빗방울 저장용기와의 색깔 변화를 관찰한다.

여기서 부터는 pH 미터를 이용한 산성비 모델 실험의 순서를 설명한다.

(8) [그림 5-15]에서 처럼, [그림 5-8]에 나타낸 산성가스 주입용 튜브를 pH 미터의 전극이 삽입된 용기로 이동시킨다.

(9) 위의 (2), (3), (5)의 실험조작을 한다.

(10) [그림 5-11]에 나타낸 산성비 모델 실험 장치(Ⅱ)의 왼쪽에 위치한 고무마개(가스 주입부분)에, 산성가스를 채취한 주사기를 찔러 넣고, pH 미터의 전극이 삽입된 빗방울 저장용기에 가능한 천천히 산성가스를 주입한다. 산성가스 주입량은 pH가 5.6 이하로 내려가는것이 확인 될때까지의 양으로 한다.

(11) 모델 장치 양쪽의 pH 미터에 표시되는 pH의 변화를 관찰하여 기록 한다.

5.2.2 실험 결과

[그림 5-18]과 [그림 5-19]에, 모델 실험 장치(Ⅰ)과 모델 실험 장치(Ⅱ)를 이용한, 산성우 모델 실험 결과를 각각 나타내었다. 실험에는 산성가스로써 시판되는 초산시약의 증기를 사용하였다.

초산증기를 주입한 쪽
(노란색으로 변색)

초산증기를 주입하지 않은 쪽
(지시약 색깔)

[그림 5-18] 초산증기를 이용한 산성우 모델 실험 결과(1)

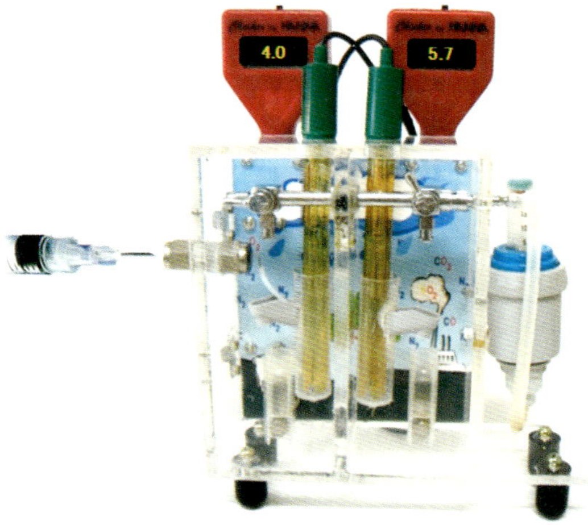

[그림 5-19] 초산증기를 이용한 산성우 모델 실험 결과(2)

[그림 5-18]에서 알 수 있듯이, 초산증기를 주입한 쪽은 노란색으로 변색되었고, 초산증기를 주입하지 않은 쪽은 원래의 지시약 색깔로 남아 있는 것을 알 수 있다.

한편, pH 측정에 의한 모델 실험의 결과를 나타낸 [그림 5-19]의 왼쪽은, 초산증기를 주입한 쪽으로, pH가 4.0을 나타내고 있는 반면, 초산증기를 주입하지 않은 오른쪽은 pH가 5.7을 나타내고 있는 것을 알 수 있다.

5.3 보다 손쉽게 만들 수 있는 모델 장치

5.3.1 모델 실험 장치의 구성 및 조립

5.1에서 소개한 모델 실험 장치(Ⅰ)과 모델 실험 장치(Ⅱ)는 그 제작에 있어서 다소 어려운 점이 있다. 따라서 여기에서는 보다 손쉽게 제작할 수 있는 산성비 모델 장치를 소개하고자 한다.

[그림 5-20]에 보다 간단하게 만들 수 있는 산성비 모델 실험 장치를 나타내었다.

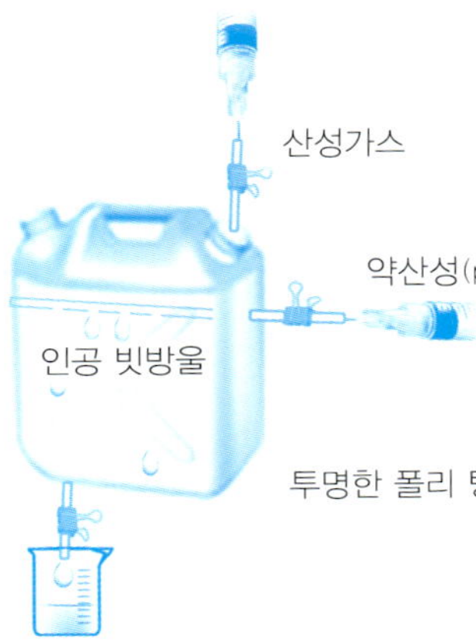

[그림 5-20] 보다 손쉽게 만들 수 있는 산성비 모델 실험 장치

모델 장치의 구성은 앞서 소개한 모델 실험 장치(Ⅰ)과 (Ⅱ)와 거의 동일하다. 하지만 보다 손쉽게 만들 수 있게 하기 위해서, 실험장치의 본체를 시판용 폴리 탱크을 사용한다. 자세한 제작 과정을 아래에 소개한다.

(1) 실험장치의 본체에 사용되는 것으로, 석유통 등으로 사용되는 투명한 폴리 탱크(용량 약 15 ~ 20 L)를 1개 준비한다.

(2) 인공적으로 빗방울을 떨어뜨리기 위해, 그림과 같이 폴리 탱크의 상단에 튜브를 삽입하여 글루 건(glue gun)등으로 고정시킨다. 그리고 튜브의 밑부분 4 ~ 5곳 정도에 송곳 등을 이용하여 구멍을 뚫는다.

(3) (2) 의 튜브는 폴리 탱크 바깥 쪽까지 약 10 cm 정도 나오게 하여 실험 시에 클립 등을 사용하여 튜브의 개폐가 가능하도록 한다.

(4) 폴리 탱크의 오른쪽 윗부분의 마개에 튜브를 연결하고, 이 튜브 또한 실험 시에 클립 등을 사용하여 튜브의 개폐가 가능하도록 한다.

(5) 폴리 탱크의 왼쪽 하단의 튜브는 모델 실험 시 빗물의 배출구로 사용되는 곳인데, 폴리 탱크의 마개를 열어 빗물을 배출시키는 것도 가능하므로 따로 부착하지 않아도 된다.

5.3.2 실험 순서

(1) 5.2.1에서 소개한 인공비로써 사용될 pH 5.6 정도의 용액과 산성가스를 준비한다.

(2) 폴리 탱크 오른쪽에 위치한 빗방울 강하용 튜브에 연결된, 주사기의 피스톤을 천천히 눌러, 빗방울을 떨어 뜨린다. 이때 떨어뜨린 인공 빗물의 양은 약 5 mL 정도로 한다.

(3) 연결된 주사기를 뗀 후 클립으로 튜브를 막는다.

(4) 폴리 탱크 위에 위치한 튜브를 통해 산성가스를 주입한다.

(5) 연결된 주사기를 뗀 후 클립으로 튜브를 막는다.

(6) 폴리 탱크을 손으로 약 3분 정도 심하게 흔들어, 산성가스가 충분히 빗물에 용해되게 한다.

(7) 폴리 탱크의 왼쪽 하단의 튜브를 통해, 빗물을 별도의 용기에 전량 옮긴다.

(8) 용기에 따로 옮겨진 빗물에 대해, [그림 5-21]와 같이 두 가지 방법, 즉, pH 미터와 리트머스 종이를 이용하여 pH를 측정한다. 이때 pH 미터를 이용해 측정할 경우에는 pH 전극이 충분히 잠겨야 하므로, 빗물 용기는 직경이 pH 미터 보다 약간 큰 것을 사용하는 것이 바람직하다.

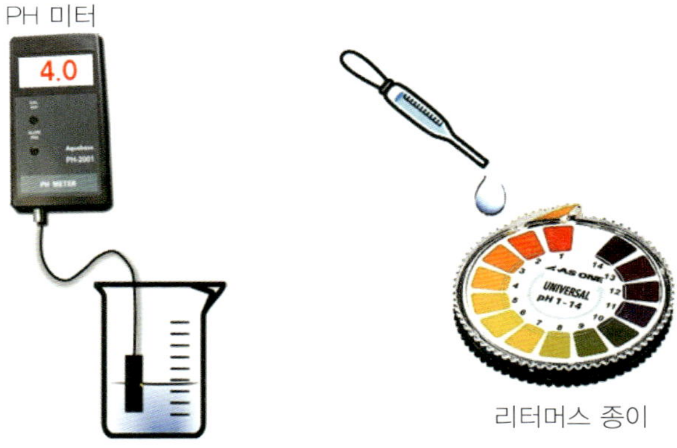

[그림 5-21] pH 미터와 리트머스 종이를 이용한 pH 측정 방법

제 6 장 진공청소기를 이용한 미세먼지를 포함한 부유먼지의 채취

제6장에서는 최근 나날이 그 관심이 커지고 있는 미세먼지(또는 미세입자)에 대해서, 가정용 진공청소기를 이용하여 손쉽게 채취할 수 있는 방법을 제안하고, 또 상세한 채취 방법등을 설명한다. 본 장에서 소개하는 미세입자를 포함한 부유먼지의 채취 장치는, 가정용 진공청소기를 이용하기 때문에, 특별히 장치를 구입할 필요가 없으며, 학습자 자신이 직접 제작이 가능하다. 제작된 먼지 입자 채취 장치를 사용해 실내외에서 미세먼지를 채취할 수있으며, 또한, 채취된 먼지 입자는 현미경 관찰을 통해 시각적으로 확인할 수 있다.

미세먼지는 공기중에 부유하고 있는 지름 10 ㎛ 이하의 입자상 물질을 말한다. 또한 지름 2.5 ㎛ 이하의 입자상 물질은 초 미세먼지라고 하며, 호흡기를 통해 우리 몸 깊숙한 곳까지 침투된다. 이러한 미세먼지에 장시간 노출되면 면역력을 저하시켜 각종 질병을 유발할 수 있다. 따라서, 어린이, 노인, 호흡기 질환자 등 상대적으로 면역력이 약한 대상은 더욱 더 각별한 주의가 필요하다.

6.1 먼지 입자 채취 장치 만들기

6.1.1 진공청소기를 이용한 먼지 입자의 채취 원리

진공청소기는 공기의 압력차를 이용한다. 청소기 내부에 있는 모터가 고속으로 회전하여, 청소기 내부를 약한 수준의 진공상태 즉, 대기압보다 압력이 낮은 저기압 상태로 만든다. 공기는 압력차가 생기면, 압력이 높은 고기압에서 압력이 낮은 저기압 쪽으로 이동하게 된다. 이처럼 진공청소기는 완벽한 진공은 아니지만 약한 수준의 진공상태를 만들어내어 주변보다 기압이 낮은 청소기 안으로 공기가 빨려 들어오도록 한다.

우리 주변에서 흔히 볼 수 있는 먼지봉투 진공청소기의 구조는, 일반적으로 세 부분으로 구성된다. 즉, 진공청소기의 내부는 오물과 먼지가 포함된 일반 공기가 들어오는 호스 부분, 오물과 먼지를 걸러내 주고 깨끗한 바람만 통과시키는 필터 부분, 모터의 회전에 의해 약한 수준의 진공상태를 만들어내는 송풍장치 부분으로 나눌 수 있다.

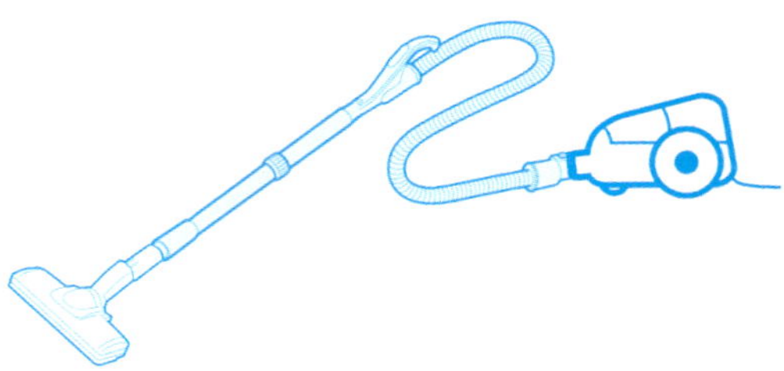

[그림 6-1] 가정용 진공청소기

본 장에서 소개하는 미세입자를 포함한 부유먼지의 채취 장치의 원리를 [그림 6-2]에 나타내었다. 진공청소기 호스 앞부분에 미세입자를 걸러줄 수 있는 황사입자용 마스크를 필터 대신해 부착시켜, 외부공기가 빨려 들어올 때 함께 섞여 들어오는 미세먼지를 마스크 표면에 채취하는 간단한 원리이다.

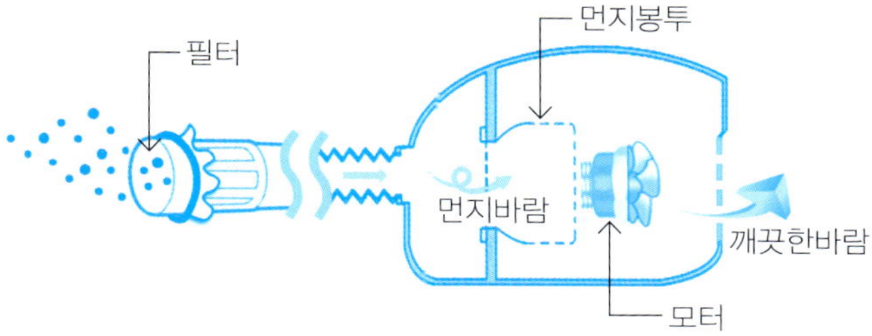

[그림 6-2] 진공청소기를 이용한 먼지 입자의 채취 원리

6.1.2 먼지 입자 채취 장치의 제작

먼저, [그림 6-3]과 같이 진공청소기 앞부분의 흡입부분을 분리한다.

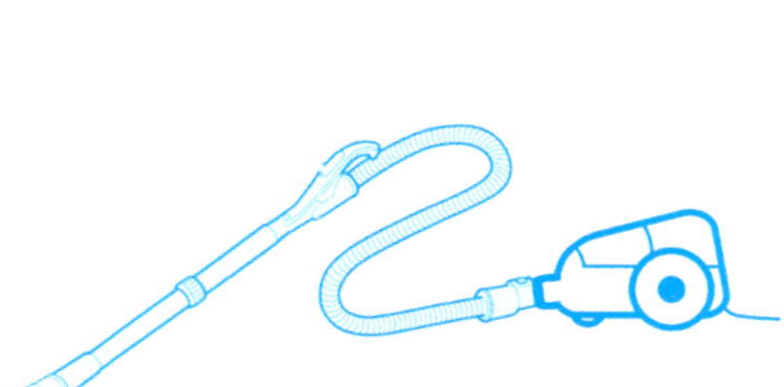

[그림 6-3] 진공청소기의 흡입부분을 분리한 상태

황사용 마스크를 구입후, [그림 6-4]와 같이 직경이 8 ~ 9 cm 정도가 되게 원형으로 절개한다.

[그림 6-4] 황사용 마스크를 원형으로 절개

[그림 6-5]와 같이, 원형으로 절개된 황사용 마스크를 진공청소기 앞부분에 손고무줄등을 이용하여 부착한다.

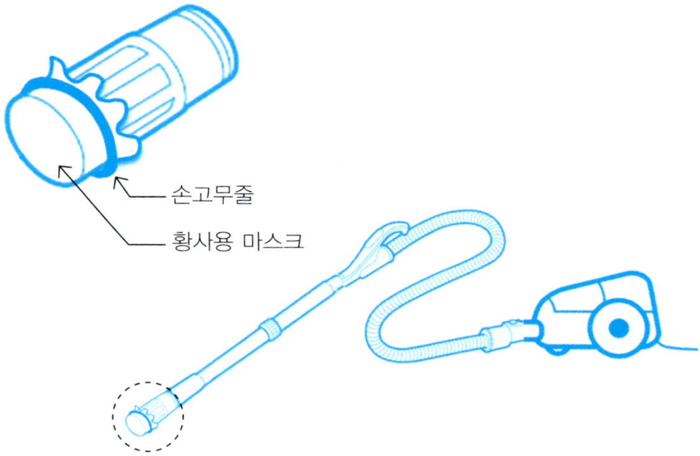

[그림 6-5] 황사용 마스크를 진공청소기 앞부분에 부착

6.2 먼지 입자의 채취

6.2.1 실내 먼지 입자의 발생원과 이동

우리들은 대부분의 일상생활을 실내에서 보내고 있다. 하지만, 건축물의 기밀화와 환기량 저감에 다라 폐쇄성이 높은 실내공간은, 실내의 여러 가지 먼지 입자의 발생원에 더해, 실외로부터의 유입등에 의해 공기질이 악화되기 쉽기때문에, 건강 유해성이 염려되고 있다.

실내에서의 먼지 입자 발생원으로는, 꽃가루, 박테리아, 곰팡이, 바이러스, 진드기, 애완동물 털, 담배연기 등이 있다. 또한, 기름이 많이 나오는 고기를 굽거나 기름을 많이 쓰는 요리를 할 때 유해한 화학물질이 포함된 기름 입자가 공중으로 배출된다.

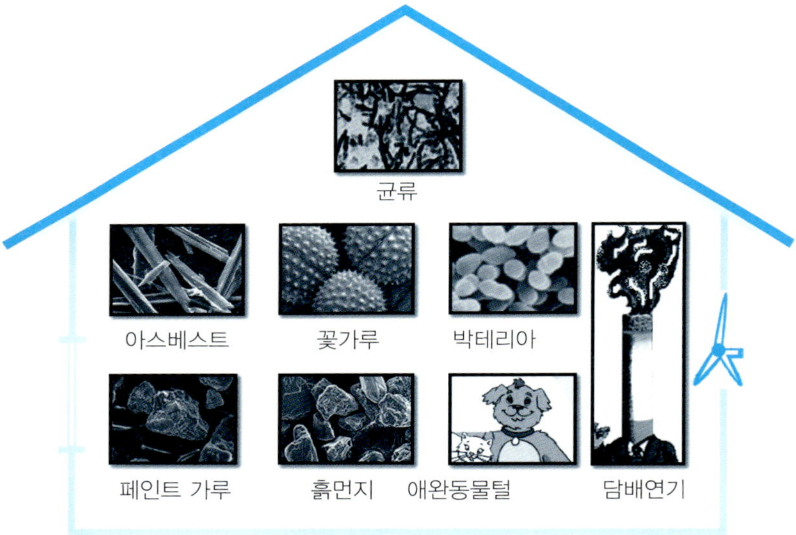

[그림 6-6] 실내의 다양한 먼지 입자 발생원

실내에서 어린이들이 뛰어 논다든지의 사람의 활동에의해 일단 바닥에 침착된 먼지 입자가 다시 비산 되기도 한다. 또한, 청소할 때는 쌓여 있던 미세먼지가 다시 날리고, 청소기 필터가 제대로 걸러내지 못 하면 공기 배출기를 통해 다시 나와 문제가 되기도 한다.

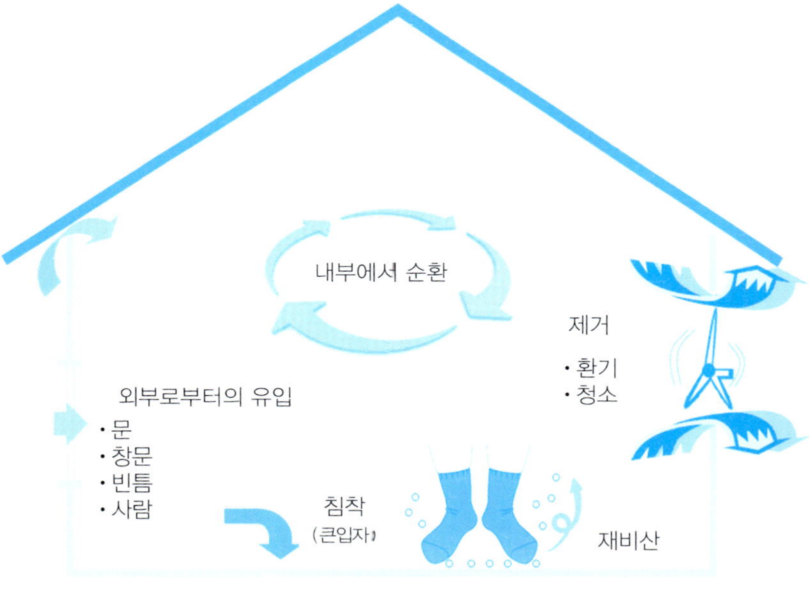

[그림 6-7] 실내에서의 먼지 입자의 이동

6.2.2 실내외에서 먼지 입자의 채취 및 관찰

[그림 6-8]과 [그림 6-9]에 실내 및 실외에서의 먼지 입자 채취모양을 나타내었다.

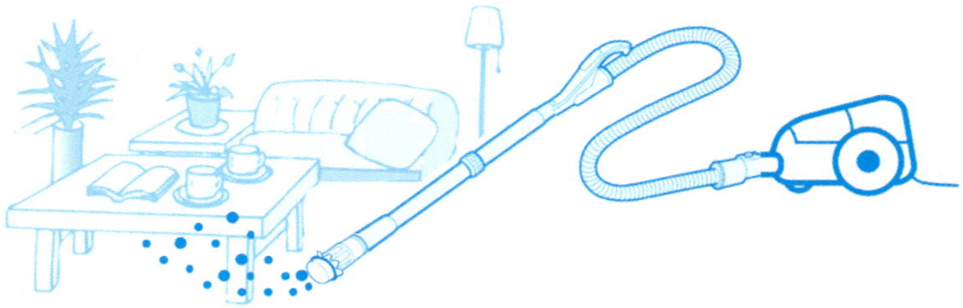

[그림 6-8] 실내에서의 먼지 입자 채취

[그림 6-9] 실외 먼지 입자의 채취

[그림 6-10]에는 먼지 입자의 채취 전후의 예상되는 마스크 표면 모양을 나타내었다.

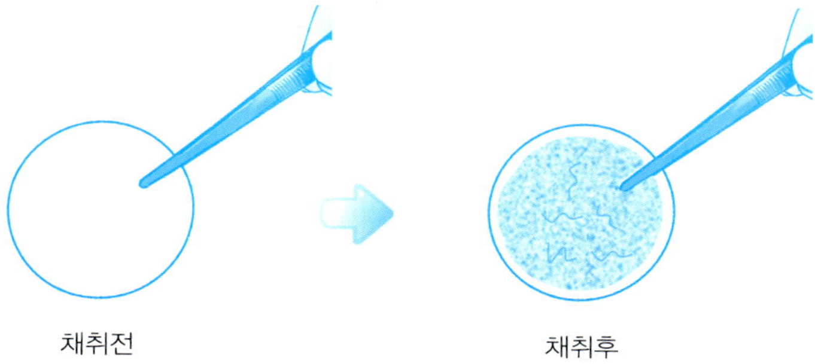

[그림 6-10] 먼지 입자 채취 전후의 마스크표면

[그림 6-11]과 같이, 마스크 표면에 채취된 먼지 입자는 현미경 관찰을 통해 확인할 수있다.

[그림 6-11] 채취된 먼지 입자의 현미경 관찰

부록

한국대기환경학회
Korean Society for Atmospheric Environment

이 부록에 수록되어 있는 내용은 한국대기환경학회(http://www.kosae.or.kr)에서 제공한 것입니다.

일반 시민과 중고교 학생을 주 대상으로 "대기오염 바로 알리기" 소책자를 제작한 것 중 일부입니다. 관심있는 분들께서는 아래의 주소를 이용하면 더욱 더 다양한 내용을 보실 수 있을 뿐 아니라 첨부파일을 신청하실 수 있습니다. 많은 애용을 바랍니다.

대기오염 바로 알리기

http://kosae.or.kr/etc/airpollution_manual.html

대기오염에 대한 올바른 이해

■ 공기는 왜 중요한가?

인간의 생명 유지에 가장 필수적인 것은 '공기'이다. 우리는 사랑하는 가족과 한 동안 떨어져서도 살 수있고, 물과 음식물은 며칠간 섭취하지 않아도 견딜 수 있으나, 공기호흡은 단 3분만 중단되어도 생명을 유지할 수 없다. 인간뿐만 아니라 지구상에 살고 있는 동, 식물은 한순간도 공기를 멀리할 수 없다.

산업의 발달과 인구의 도시 집중화로 인하여, 도시의 공기는 매연과 유해가스로 오염되고 있다. 대기오염은 건강상 피해뿐 아니라, 공업, 농업과 임업 등 모든 산업에 경제적인 피해를 준다. 또한, 건축물, 철로, 전선, 금속의 부식 등을 일으킬 수 있으며, 종이, 고무, 가죽, 섬유 등을 노화시켜 재산상 피해를 줄 수 있다. 더욱이 각종 대기오염물질로 인해 지구기후는 급속히 변화되고 있다.

최근 환경부의 조사에 의하면, 국내에서 유통되는 400여종의 유해화학물질 중 약 90% 이상이 휘발을 통해 공기 중으로 배출된다고 한다. 이들 오염물질은 결국 확산, 분산, 침적 등과 같은 물리·화학적 과정을 거쳐 지표면으로 이동된다. 공기는 물이나 토양과 같이 인간이 만든 여러 가지 유해물질을 자연생태계로 돌려보내는 전달매체이며 통로이기도 하다.

■ 유해물질은 어떻게 우리 몸에 들어오는가?

생활주변의 유해물질은 인간의 공기 호흡과 음식물의 섭취, 그리고 피부접촉을 통해 우리 몸으로 들어온다. 이와 같이 유해물질이 체내에 들어오는 것을 '오염물질에 노출되었다'라고 표현한다. 우리가 조금만 주의를 기울인다면, 음식물 섭취와 피부접촉을 통한 오염노출은 사전에 예방할 수 있다. 하지만, 공기의 호흡을 통한 노출은 피할 수 없기 때문에 매우 중요하다. 일반적으로 공기의 호흡을 통한 유해화학물질의 노출량 (흡입량) 이 음용수의 섭취에 의한 노출량 보다 월등히 크다. 결국, 호흡을 통한 노출량을 줄이기 위해서는 공기에 섞인 오염물질을 없애거나 농도를 줄여야 한다. 따라서 실내와 실외의 공기질을 청정하게 유지하는 것이 매우 중요하다.

〈 유해물질이 인간 몸에 들어오는 경로와 특징 〉

구 분	노출시간	노출량 (흡입량)	사전예방가능성	피해원인의 규명	위해 정도
공기 호흡	연속적	12 kg / 일	어려움	어려움	매우 큼
음식물 섭취	간헐적	2 ~ 3 kg / 일	비교적 쉬움	비교적 쉬움	중간 정도
피부 접촉	간헐적	매우 적음	쉬움	쉬움	약함

■ 대기오염물질이란 무엇인가?

대기오염의 정의는 나라마다 조금씩 차이가 있지만, 세계보건기구는 "대기 중에 인간이 배출한 한 가지 이상의 오염물질이 그 지역의 다수 일반인에게 불쾌감을 주거나 공중보건상 위해를 끼치고 인간이나 동식물의 활동에 피해를 주어, 생활과 재산상 정당한 권리를 방해받는 상태"라고 정의하고 있다. 반면, 우리나라는 "대기오염으로 인한 국민건강 및 환경상의 위해를 예방하고 대기환경을 적정하게 관리, 보전함으로써 모든 국민이 건강하고 쾌적한 환경에서 생활할 수 있게 함"을 목적으로 대기환경보전법이 만들어졌다. 대기오염물질은 두 종류로 나눌 수 있는데, 하나는 분자크기의 가스상 오염물질이며 하나는 분진과 같이 현미경으로 볼 수 있는 입자상 오염물질이다.

현재 우리나라에서 기준성 오염물질은 아황산가스 (SO_2), 미세먼지 (PM_{10}), 초미세먼지 ($PM_{2.5}$), 질소산화물 (NO_2), 일산화탄소 (CO), 오존 (O_3), 납, 벤젠 등 8개 항목이다. 우리나라는 전국적으로 수백 개의 대기오염측정소를 운영하고 있는데, 기준성 오염물질에 대해서는 매시간별 환경부에서 운영하는 에어코리아(www.airkorea.or.kr)와 지자체 홈페이지를 통하여 공개하고 있다.

이러한 기준성 오염물질과 더불어, 최근에는 발암성 혹은 돌연변이원성에 관련된 환경과학적 증거가 늘어감에 따라 '유해대기오염물질'에 대해 많은 관심이 모아지고 있다. 유해대기오염물질은 대기환경기준 항목에 설정되지 않은 독성물질을 의미하며 아래와 같은 특징을 가지고 있다.

〈 유해대기오염물질의 특징 〉

- 환경에서 낮은 농도에서도 장기간 노출될 경우 심각한 건강피해를 유발할 수 있는 물질
- 인간에게 암, 기형, 신경장애, 혹은 유전적 돌연변이 등을 유발할 수 있는 물질
- 환경잔류성이 강하고 생체농축성이 강한 물질

한편, 최근 지구기후변화와 오존층 파괴 등과 같은 지구규모의 대기오염 문제에서 볼 수 있듯이, 대기오염물질에는 비록 인간과 동식물에 직접적인 피해를 당장 주지 않더라도 먼 훗날 인간과 지구생태계에 나쁜 영향을 줄 수 있는 것도 있다. 그 대표적인 물질이 이산화탄소, 메테인, 프레온과 같은 가스상 물질들이다. 이들 물질들은 예전에는 대기오염물질에 포함되지 않았으나 최근 지구기후변화와 관련되어 논란이 일면서 대기오염물질에 포함되었다.

■ 대기를 오염시키는 주요 배출원은?

대기오염물질을 방출하는 배출원(오염원)을 크게 분류하면, 화산폭발, 산불, 꽃가루, 소금분진, 황사, 각종 유기물의 분해과정으로부터 발생되는 '자연적인 배출'과 인간의 활동에 의해 발생되는 '인위적인 배출'로 구분 할 수 있다. 지구 전체로 보면 인위적 배출량보다는 자연적 배출량이 훨씬 더 많다. 하지만, 인위적 배출원은 도시나 공장과 같이 인구가 밀집된 생활환경에 인접해 있기 때문에, 비록 총배출량은 상대적으로 작지만 심각한 피해를 줄 수 있다. 인위적 배출원은 대기오염방지기술로 충분히 제어가 가능하기 때문에, 그 피해의 정도 역시 인간의 노력에 달려 있다.

인간 활동에 의한 인위적 배출원을 다시 분류하면, 고정배출원과 이동배출원으로 나눌 수 있다. 고정배출원은 각종 공장, 화력발전소, 산불 등이 있으며, 이동배출원은 자동차, 기차, 선박, 항공기 등이 있다. 고정배출원 중 공장은 생산업종에 다라 수백 종이 있으며 여기서 배출되는 오염물질도 그 종류가 매우 다양하다.

■ 대기환경기준의 의미는?

우리나라나 외국의 어느 지역의 공기가 어느 정도 청정한 지를 알려면 대기환경기준치와 비교하는 것이 가장 쉽다. 대기환경기준은 국민의 보건학적 위해성과 재산상 피해를 최소화하기 위한 하나의 정책적 수단이다. 나라마다 사회·경제적인 여건에 기준은 약간의 차이가 있을 수 있으며, 우리나라는 대기환경기준치와 관련하여 환경부가 달성하고자 하는 행정 목표치를 대신 설정하고 있다.

대기환경기준은 장기기준과 단기기준으로 구분되며, 장기기준은 만성피해를, 단기기준은 급성피해를 예방할 목적으로 설정된다. 따라서 어느 지역에서 대기환경기준을 만족한다는 것은 이들 두 기준을 동시에 만족한다는 의미이다. 우리나라 환경부에서는 대기환경 목표치와는 별도로 시민들이 쉽게 이해할 수 있도록 여러 종류의 오염물질의 농도를 종합한 '통합대기환경지수'를 개발하여 공기질의 좋고 나쁜 상태를 6단계로 분류하여 공표하고 있다.

외국의 대기환경기준 설정 현황을 살펴보면, 일반 대기오염물질의 경우 대부분의 국가에서 우리와 유사한 기준을 설정하고 있다.

〈우리나라 대기환경기준 설정 현황(2015년 시행 기준)〉

구 분	아황산가스 (ppm)	일산화탄소 (ppm)	이산화질소 (ppm)	오존 (ppm)	미세먼지 ($\mu g/m^3$)		납 ($\mu g/m^3$)	벤젠 ($\mu g/m^3$)
					PM-10	PM-2.5		
단기 기준	0.05 (24시간) 0.15 (1시간)	9 (8시간) 25 (1시간)	0.06 (24시간) 0.10 (1시간)	0.06 (8시간) 0.10 (1시간)	100 (24시간)	20 (24시간)	없음	없음
장기 기준	0.02 (연평균)	없음	0.03 (연평균)	없음	50 (연평균)	25 (연평균)	0.5 (연평균)	5 (연평균)

■ 우리가 당면한 대기오염 문제는 무엇인가?

현재 우리가 당면하고 있는 여러 가지 대기오염 문제를 공간 규모별로 나누어 보면 아래와 같다. 우리나라가 선진국 대열에 합류하기 위해서는 지구환경문제에도 적극 관여하여야 한다. 한편, 지형학적으로 동북아시아에 위치하고 있기 때문에 국경을 넘어오는 중국의 오염물질의 영향권에 있으며, 국내적으로는 도시대기오염문제와 대규모 산업단지의 유해 대기오염물질로 인한 피해가 예상된다. 또한 대다수 국민이 아파트등 공동주택에 살고 있으며, 지하철, 상가, 사무실, 건물 등 실내 체류시간이 길어짐에 따라 이와 관련된 실내공기오염 문제 역시 보건학적 위해성 저감 차원에서 중요하다. 이와 같이 우리나라는 대기환경 문제에 관한 한 세계에서 유래 없는 어려운 여건에 처해 있다.

〈 각종 대기오염 현상과 원인물질 〉

분 류	현 상	공간규모	원인물질
지구규모의 오염문제	지구기후변화 오존층 파괴	지구전체	이산화탄소, 프레온 가스, 메테인가스
지역규모의 오염문제	산성비, 황사	동북아시아	아황산가스, 이산화질소, 먼지
도시규모의 오염문제	광화학스모그, 교통공해, 비산먼지, 악취 등	도시 및 산업단지 규모	오존, 미세먼지, 휘발성유기화합물 등
실내환경의 오염문제	실내공기오염	실내공간, 지하철 등	휘발성유기화합물, 일산화탄소, 미세먼지, 담배연기, 라돈, 석면, 미생물 등

■ 어떻게 대기오염을 해결할 수 있을까?

자연은 환경오염물질을 스스로 정화하는 기능이 있다. 이를 자연의 자정작용이라 한다. 공기 중에 배출된 오염물질도 강수나 침적 등과 같은 자연적인 과정을 거쳐 사라지게 된다. 만약 인구와 산업체가 밀집된 도시나 산업단지에서 대기오염물질이 다른 지역으로 이송되거나 자정작용에 의하여 소멸되는 속도보다 더 빨리 더 많이 배출된다면, 그 지역은 대기오염물질이 갈수록 축적되어 농도가 상승하게 될 것이다. 그렇다면 어떻게 대기오염을 줄일 수 있을까?

대기오염을 줄이는 방안은 정부차원에서 수행 가능한 대책과 시민들의 참여를 통한 민간차원의 대책으로 구분할 수 있다. 개별 오염물질에 대한 보다 구체적인 저감방법은 본 학회의 오염물질별 안내서를 참고할 수 있다. 다음은 개략적이고 원론적인 방법을 나열한 것이다.

〈 대기오염을 줄이기 위한 저감 대책 〉

정부차원의 대기오염 저감 대책	시민들의 참여를 통한 저감 대책
자동차 배출가스 규제 및 관리 대책	환경교육에 적극 참여
산업체와 사업장의 배출규제 대책	환경친화적 교통문화 정착
친환경 교통수요 관리 및 차량 관리 대책	친환경 교통수단 (자전거 등) 이용
친환경 에너지 관리 대책	유기용제 사용 억제
보건학적 위해성 저감방안 수립	불법소각 근절
친환경 도시개발 및 단지계획	친환경 상품 구매
국제적 환경문제에 대한 대응방안 강구	에너지 절약운동
	환경개선 캠페인에 참여
	나대지 녹화 및 나무심기 운동 참여

산성비

산성비란 무엇인가?

여러분은 "요즘 내리는 비가 산성비이니까 맞지 말라"는 말을 들어봤을 것이다. 산성비가 과연 우리에게 해로울까? 이를 알기 위해서 먼저 산성비가 무엇인지 정확히 알아보자. 산성비(acid rain)란 평소보다 많은 산성 물질(질산 및 황산)을 함유하고 있는 비(눈, 안개 포함)를 일컫는다. 산성비의 정의는 pH가 5.6 이하인 비를 일컫는데, 산성도의 척도를 가리키는 pH는 물속의 수소이온농도의 역수에 상용로그를 취한 값이다($pH=-log_{10}[H^+]$). 순수한 물의 pH는 7의 값을 가지며 산성을 띨수록 7보다 작은 값을 갖는다.

지구의 대기 중에는 이산화탄소(CO_2)가 많이 존재하는데 이 이산화탄소가 빗물에 녹으면 탄산(H_2CO_3)을 형성하게 된다. 어떠한 오염물질도 존재하지 않고 이산화탄소의 농도가 330 ppm일 때 (현재 화석연료의 사용량이 급증하여 지구의 평균 이산화탄소 농도는 400 ppm에 가까움), 이론적인 깨끗한 비 의 pH는 5.6이 된다. 따라서 이 척도를 기준으로 비의 pH가 5.6보다 더 낮은 경우에 '산성비'라고 부른다.

■ 산성비를 만드는 원인물질은 무엇인가?

산성비를 만드는 원인물질은 다양한 대기오염원에서 배출된다. 여기에는 인위적인 배출원(화석연료를 사용하는 발전소, 공장, 자동차 등)뿐만 아니라, 자연적인 배출원 (화산 폭발, 산불 등)도 포함된다. 이때 배출되는 황산화물과 질소산화물은 대기 중에서 물, 산소, 그리고 여러 화학물질들과 반응하여 다양한 산성 물질을 만들고, 경우에 따라 질산과 황산이 혼합된 산성비를 만들어낸다.

그렇다면 이런 산성비는 주로 배출원 주변에서만 만들어질까? 그렇지 않다. 산성비를 형성하는 이산화황과 질소산화물은 대기로 배출된 후 장거리 이동을 할 수 있기 때문에, 중국에서 배출된 다량의 이산화황이 바람에 실려 우리나라까지 쉽게 유입되곤 한다. 따라서 오염배출원에서 수백 수천 킬로미터 떨어진 지역에도 산성비가 내릴 수 있다.

■ 산성비가 미치는 영향을 알아보자!

이제 가장 중요한 질문을 할 때가 왔다. 산성비는 우리에게, 그리고 다른 자연 생태계에게 어떤 영향을 미칠까? 산성비는 산성을 띠고 있기 때문에 산성비가 내리는 지역의 호수와 하천을 산성화시키고, 높은 지대에 있는 나무와 산림의 토양에 악영향을 미칠 수 있다. 또한 건물 자재와 페인트의 부식을 가속화하기 때문에, 우리에게 문화유산으로 남겨진 조각품이나 건축물에 커다란 문화적 피해를 입힌다. 뿐만 아니라 산성비의 원인물질인 황산화물과 질소산화물은 대기의 가시도를 저하시키고 인간의 건강을 위협하기도 한다. 이제 산성비의 영향을 하나씩 살펴보도록 하자.

■ 인간에 미치는 영향…

산성비를 맞으면 대머리가 된다는 속설이 있다. 정말 그럴까? 결론적으로 그럴 확률은 매우 낮다. 산성비는 깨끗한 비와 똑같은 투명성과 느낌과 맛을 가지고 있기 때문에 인간의 감각으로는 감지하기 어렵다.

우리가 먹는 식초의 pH는 4에 가까우며, 레몬 즙의 pH는 2에 가까워 산성비 산도의 수백배 또는 수만배 되지만, 인체에 커다란 악영향을 미치지는 않는다. 또한 산성비 때문에 산성화된 호수에서 수영을 하는 것과 깨끗한 호수에서 수영을 하는 것도 인체 위해성 측면에서는 차이가 없다. 다시 말해, 산성비의 산성도 자체는 건강에 직접적인 영향을 끼치지는 않는다.

하지만 산성비를 일으키는 원인물질인 이산화황과 질소산화물은 다르다. 이러한 가스상 오염물질들은 자체적으로도 악영향을 미치지만 대기 중에서 미세한 입자상 오염굴질로 변환되기 때문에 문제가 된다.

이들 미세입자는 사람들이 호흡할 때 폐 깊숙이까지 침투하여 폐질환이나 심장질환과 같은 질병을 유발 할 수 있다. 또한 질소산화물은 광화학반응을 일으켜 인체에 건강상 피해를 주는 오존을 생성시킬 수 있다.

요약하면, 산성비 자체는 인간의 건강에 직접적으로 영향을 미치지는 않는다. 그러나 산성비가 산림, 호소, 농작물 등의 자연 생태계와 조각품 및 건축물 등의 생활환경과 재산상에 미치는 피해는 매우 크기 때문에 많은 나라에서 집중적으로 연구되고 있다. 인간은 다른 생물과 더불어 사는 생태계의 일부이다. 우리는 생존에 필요한 모든 것을 다른 생물들로부터 얻기 때문에, 지구 생태계를 구성하는 생물들에게 피해를 주는 행위는 결국 우리 인간에게 피해로 돌아온다는 점을 명심하여야 한다.

■ 생태계에 미치는 영향…

산성비가 수생태계에 미치는 영향은 매우 뚜렷하다. 산성비는 호수(하천 포함)에 직접 내리기도 하지만, 호수 주변에 있는 토양이나 산림, 건물 등에 떨어진 후 호수로 뒤늦게 유입되기도 한다. 호수가 산성비의 영향을 받으면 호수의 산성도가 커지고(pH가 낮아지고), 산성화된 호수를 토양이 중화시키지 못하는 경우에는 토양에서 알루미늄이 용출된 상태로 호수 내로 유입된다. 이 알루미늄은 수생태계에 생존하는 많은 생물종들에게는 독성이 매우 강한 물질이다.

호수가 산성비에 크게 영향을 받느냐 안 받느냐는 호수의 특성에 따라 다르다. 예를 들어, 크기가 작은 호수들은 큰 호수들에 비해 영향을 크게 받는다. 호수의 산성도를 중화시키는 능력을 흔히 완충능력(buffering capacity)이라고 하는데, 이러한 완충능력도 호수의 바닥에 쌓인 토양에 따라 각각 다르다. 때때로 산성도가 갑자기 높아지는 경우가 있는데(봄에 눈이 녹아서 호수로 일시에 유입될 때나 큰 폭우가 몰아칠 때), 이러한 경우에는 많은 물고기가 죽기도 하고 심지어는 그 호수에서 특정 생물종이 멸종되기도 해서 종 다양성이 떨어질 수도 있다. 즉, 호수가 산성화되면 pH가 떨어지고 이는 물속의 알루미늄 농도를 증가시키는데, 낮은 pH와 증가된 알루미늄 농도는 물고기에게 직접적인 위해를 가해서 계속 스트레스에 시달리게 한다. 만성적 스트레스에 시달린 물고기는 인간과 마찬가지로 체중이 줄어들고 제대로 자라지 못해서 적자생존 경쟁에서 제대로 적응할 수 없게 된다. 같은 산성호수에서 생존하는 물고기들도 종에 따라 받는 피해가 다르다. 일반적으로 pH가 5 이하로 떨어지면 대부분의 물고기 알은 부화하지 못하고, 이보다 낮은 pH에서는 일부 성어가 죽기도 한다. 어떤 산성 호수에서는 물고기를 한 마리도 찾아볼 수 없는 경우도 있다. 스웨덴의 경우 85,000개의 호수 중 8,000개가 산성화되었으며, 캐나다에서는 산성비로 인해 어류가 절멸한 호수 또는 절멸에 직면한 호수가 각각 4%와 15%나 된다. 미국 동북부의 뉴잉글랜드 지역과 뉴욕 주 등 9개주 27개 지역의 17,059개의 호수 중 9,432개의 호수가 산성화되었다.

산성비가 산림에 내리면 나무들의 성장이 느려지는 게 일반적이다. 산성비에 포함되어 있는 수소이온은 토양 입자 속에 있는 금속 이온과 이온 교환반응에 의해 대체되어, 나무를 비롯한 식물에 필수적인 영양소인 칼슘(Ca), 마그네슘(Mg), 칼륨(K), 나트륨(Na) 등의 금속 이온 성분들이 상실된다. 이로 인해 식물은 토양으로부터 영양분을 공급받을 수 없게 되며, 토양층으로부터 독성 물질이 배출되어 잎과 줄기를 갈색으로 변화시키고 나무를 약하게 만든다. 산성비로부터 입는 피해는 호수와 마찬가지로 산림 토양의 완충능력에 따라 달라지는데, 이는 토양층의 두께와 구성성분에 의존한다. 산성비에 가장 취약한 산림은 고지대에 위치해 있는 산림이다. 이는 고지대일수록 산성 구름과 산성 안개에 둘러싸이는 경우가 많기 때문이다. 일반적으로 산성 구름과 산성 안개는 산성비보다 더 높은 산성을 띤다. 식물이 산성 안개에 자주 노출되면, 잎에서 필수 영양분이 유출되기 때문에 다른 환경적 요인(예를 들어 추운 날씨라던가 대기오염물질)에 더 민감하게 반응하여 더 큰 피해를 받는다.

■ 재료와 자동차 표면에 미치는 영향…

산성비는 금속을 쉽게 부식시키고 페인트나 돌 (특히 석회암과 대리암)을 약화시켜서, 건물뿐 아니라 자동차의 페인트에도 큰 피해를 준다. 여러분도 실험을 통해 확인할 수 있다. 석회암의 구성성분인 탄산칼슘($CaCO_3$)은 우리가 사용하는 분필의 주요 구성성분이다. 두 개의 비커에 한 쪽에는 물을 담고 한쪽에는 식초를 담아서, 양쪽에 분필을 넣고 하룻밤을 기다려 보자. 다음 날 아침 식초에 담겨진 분필이 훨씬 많이 닳아 없어진 것을 볼 수 있을 것이다. 산성비나 산성 강하물이 자동차에 입히는 피해를 줄이기 위해서 요 즘에는 산성에 저항을 가진 페인트를 사용하기도 한다. 이러한 단순한 재산상 피해뿐만 아니라, 문화적인 유산인 건축물에 입히는 영향은 그 잠재적 피해액이 상상을 초월할 수 있다. 또한 그 피해를 줄이기 위해서 건축물을 청결하게 유지하는 관리비용과 보수비용도 상당할 것으로 추측할 수 있다.

■ 우리나라의 산성비 현황…

우리나라는 산성강하물의 침적량을 파악하기 위해 산성강하물 측정망을 설치하여 운영하고 있으며, 현재 30곳 이상의 측정소가 있다. 이곳에서는 빗속의 pH를 비롯하여 강수의 산성도를 결정하는 주요 원인물질인 이온성분의 농도를 측정한다. 우리나라의 강우 내 연평균 pH는 전 지역이 4.3 ~ 6.2 범위로 지역에 따라 다소 차이를 보인다. 서울과 경기도 지역 및 전라도 지역이 비교적 낮은 pH (강한 산성도를 뜻함)를 보인 반면, 경상도와 강원도 지역의 산성도가 약하였다.

빗물 산성도의 기준은 pH를 통해서 나타낼 수 있는데, pH를 결정하는 요인은 염소이온 (Cl^-), 질산이 온(NO_3^-), 그리고 황산이온(SO_4^{2-})과 같은 음이온 농도이다. 음이온 농도가 높으면 pH 값이 낮아지고 양이온 농도(NH_4^+, Na^+ 등)가 높으면 pH 값이 높아진다.

이온별 기여도를 보면 질산이온은 1980년대 중반부터 현재까지 계속 증가하고 있다. 이는 우리나라의 발전소, 공장, 자동차 등에서 화석연료의 사용량이 급속히 증가하면서 질소산화물의 배출량이 지속적으로 높아지기 때문이다. 반면 황산이온은 1999년까지 질산이온에 비해 감소하다가 1999년부터 현재까지는 계속 증가하고 있는데, 우리나라는 대기오염 관리정책을 강화하여 80년대 말 이후 대기 중 이산화황의 농도를 효과적으로 감소시켰다. 하지만, 최근의 강우 내 황산이온의 기여율이 높아지는 이유는 중국을 비롯한 동북아시아의 최근 급속한 경제성장으로 인해 다량 배출된 이산화황이 우리나라로 유입되기 때문인 것으로 생각된다.

강우 내 총 음이온의 농도로 산성도의 정도를 판단해 볼 때, 우리나라 평균은 현재 세계 평균의 중간 정도에 위치해 있다. 그러나 우리나라는 다행히도 산성비를 중화시키는 완충능력이 높아 외국처럼 큰 피해를 입고 있지는 않다.

■ 우리가 해야 할 일

산성비를 줄이기 위해서 우리가 해야 할 일은 무엇일까? 우선 산성비를 만드는 원인물질인 이산화황과 질소산화물을 감소시켜야 한다. 이산화황과 질소산화물은 화석연료(석탄, 석유, 가스 등)를 사용하여 에너지를 만들 때 발생한다. 황은 화석연료에 불순물로 들어가 있어 연료를 태울 때 공기와 결합하여 이산화황이 되고, 질소산화물은 모든 화석연료의 연소에서 배출된다. 따라서 이러한 오염물질들이 대기로 배출되기 전에 세정기나 자동차 촉매변환장치와 같은 대기오염 방지시설을 거치게 하여 감소시킬 수 있다. 또 한 화석연료의 사용을 줄이고, 원자력, 수력, 풍력, 지열에너지, 태양에너지 등의 대체 연료를 사용하는 것도 하나의 방법이다.

늘 들어왔겠지만, 여러분 개인이 할 수 있는 최선의 방법은 전기를 아껴 쓰고 웬만한 거리는 걷거나 자전거를 이용하거나 또는 대중교통을 이용하는 것이다. 전기용품을 사용하지 않을 때는 플러그를 뽑아 대기전력을 줄이고 에너지 효율이 높은 기기를 사용하는 것이 좋다. 차를 소유하고 있다면 정기검진을 철저히 하는 것도 질소산화물의 배출량을 감소시키는 데 도움이 된다. 또한 다량의 산성비 원인물질이 중·장거리를 이동하기 때문에 국내 지방자치단체 사이를 비롯하여, 인근국가사이의 대기환경개선을 위한 정책개발을 모색해야 할 것이다. 이러한 방법들을 통해 이산화황과 질소산화물이 직접적으로 감소될 뿐 아니라, 다른 대기오염물질(이산화탄소 등)도 부수적으로 감소되어 이중의 개선효과를 얻을 수 있다.

분 진

■ 분진이란 무엇인가?

여러분이 숨쉬는 공기의 주성분은 질소와 산소이지만, 공기 속에는 아황산가스나 일산화탄소와 같은 가스 형태의 오염물질도 있고, 분진과 같은 입자 형태의 오염물질도 섞여 있다. 분진은 영어로는 에어로졸(aerosol)이라고 한다. 흔히들 에어로졸이라고 하면, 스프레이통의 모기약과 같이 작은 크기의 액체 물질만을 떠올리는데, 본래 분진 즉 에어로졸의 정의는 공기 중에 떠 있는 액체상 및 고체상의 작은 입자를 의미한다.

여러분들이 들어 본 적이 있는 연무 (mist), 먼지, 연기, 훈연 (fume), 안개, 박무 (haze), 스모그, 검댕 등 은 분진의 한 종류이다. 이들 분진은 불완전 연소과정, 기계적 분쇄과정, 응축 및 고온 화학반응 과정을 거 쳐 생성된다. 예를 들어, '먼지'는 입자의 크기가 비교적 큰 고체상 분진이며, '연무'는 주로 증기가 응축 되어 생성되는 액체상 분진이고, '연기'와 '검댕'은 땔감이 불완전 연소될 때 생성된다. 분진의 생김새는 배출원에 따라 무척 다양하여 물방울과 같은 구형, 소금결정과 같은 육면체, 디젤매연과 같이 작은 입자 들이 뭉친 포도송이 형태 등 실로 많은 형태가 존재한다.

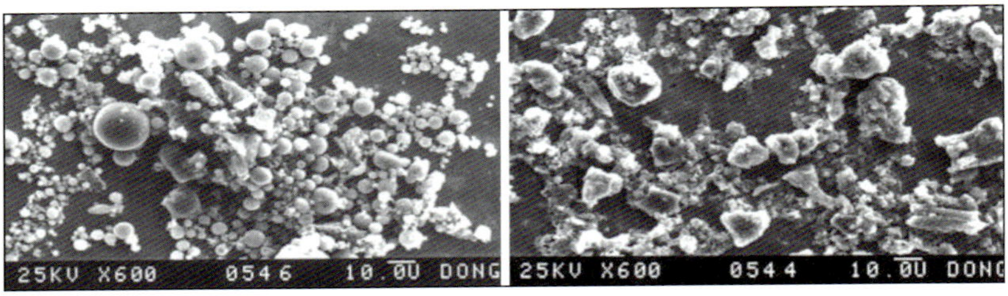

왼쪽: 화력 발전소에서 배출된 비산재(fly ash) 오른쪽: 철강소 배출 먼지

■ 분진은 어디에서 발생되나?

우리가 호흡하는 공기 속에는 천문학적 숫자의 분진이 들어 있다. 여러분이 만약 조금 오염된 도시에 살고 있다면, 숨을 한번 쉴 때마다 수억 개의 분진을 들이마시게 된다. 이들 분진 하나하나는 각각 비밀스러운 출생배경과 서로 다른 생년월일을 가지고 있다. 이들은 산업 활동뿐 아니라 우리 생활주변에서 다양하게 만들어 진다. 앨러지를 일으키는 진드기, 각종 질병을 일으키는 박테리아와 바이러스, 각종 동식물의 사체 조각, 봄철에 산을 자욱하게 만드는 꽃가루 등과 같은 생물성 분진를 비롯하여, 파도가 부서질 때마다 날리는 물방울이 건조되어 생성되는 소금알갱이도 수백 km를 이동하여 항상 주변에 있다. 또한, 담배

연기, 자동차의 매연, 타이어 마모 먼지, 굴뚝연기, 제철소, 채석장, 시멘트 공장의 먼지, 낙엽과 쓰레기를 태울 때 발생되는 연기 등이 있으며, 말할 때, 걸을 때, 움직일 때, 요리할 때, 책장을 넘길 때에도 분

진이 발생된다. 한국산 분진도 있지단 엄청난 분진이 외국에서 들어온다. 지구 건너의 화산재는 물론이고, 중국과 몽골의 사막지역에서 발생되는 황사는 한국으로 쉽게 건너오며, 하와이를 거쳐 미국 대륙까지도 이동한다. 또한, 지구 대기권에서 타버린 유성의 재도 있다.

분진은 사람의 활동에 의해 생성되는 인위적 분진과 자연적으로 방출되는 분진으로 나눌 수 있다. 인위적 분진은 인간의 생산 및 산업 활동의 결과로 방출되며 대부분 석탄이나 석유 같은 화석연료를 태울 때 발생한다. 자연적 분진에는 화산재, 산불 연기, 바다의 소금결정, 토양분진, 박테리아, 꽃가루 등이 있다. 한편, 분진은 공기 중에 있는 가스들이 반응하여 생기기도 한다. 이와 같이 가스상 물질이 입자화 되었을 때 이를 '2차분진'이라고 부른다. 이들은 주로 가스상 오염물질인 이산화황, 질소산화물, 유기화합물들이 반응해서 분진으로 만들어 진 것이다.

■ 분진의 크기가 왜 중요한가?

분진의 생김새는 무척 다양하나 크기를 규정할 때 편의상 구형으로 간주하고 직경을 크기의 척도로 쓰고 있다. 분진의 크기는 ㎛(micrometer:마이크론) 단위로 표시하며, 1 ㎛은 1 cm의 만분의 1이 되는 길이이다. 분진은 직경이 대략 0.01 ~ 500 ㎛의 크기를 가지며, 오염생성원에 따라 고유의 크기를 가지고 있다. 가장 작은 분진은 분자군집체 정도 즉, 나노미터(nm) 정도의 크기를 가지는데, 꽃가루와 진드기와 같이 커다란 분진은 육안으로도 관찰이 가능하다. 대략 이 책자의 마침표의 직경이 300 ㎛, 사람의 가는 머리카락이 100 ㎛, 해변의 가는 모래가 70 ㎛, 꽃가루가 10 ~ 100 ㎛이다. 담배연기는 0.01 ~ 1 ㎛ 정도로서 바이러스 크기와 엇비슷하기 때문에 광학현미경을 통해서도 볼 수 없을 정도로 크기가 작다.

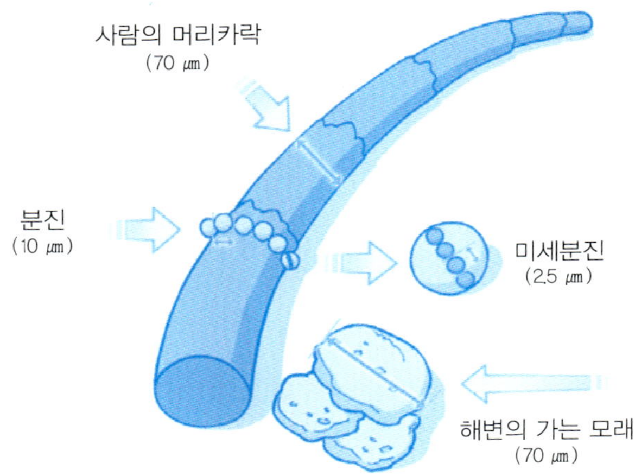

여러분이 지구상 어느 곳에서 분진을 관찰하더라도 분진은 크기가 2.5 ㎛를 경계로 2개로 나누어진다. 따라서 2.5 ㎛보다 작은 입자를 미세분진이라고 부르며, 이보다 큰 입자를 거대분진이라고 부른다. 공교롭게도 인위적 분진의 대부분은 미세분진이며, 자연적 분진의 대부분은 거대분진이다.

바람에 날린 토양의 먼지와 같은 거대분진은 생성된 후, 수 분 또는 수 시간 이내에 땅에 떨어지기 때 문에, 미세분진과 비교하여 공기 중에 머무는 시간이 작아 오염피해가 작은 편이다. 하지만 거대분진이라고 하더라도 크기가 2.5 ~ 10.0 ㎛인 분진은 호흡계 질환을 가진 사람에게 심각한 영향을 줄 수 있다. 반면 미세분진은 화석연료의 연소, 자동차의 배출가스 및 화학물질의 제조과정 등과 같은 인위적 발생원에서 방출되며, 2차분진의 대부분은 미세분진이다.

미세분진은 인간 및 동물이 호흡을 할 때 허파 깊숙이 흡입되는데, 특히 크기가 0.1 ~ 1.0 ㎛일 때 허파속으로 들어가는 양이 최대가 되는데 이로 인해 각종 폐질환이 생긴다. 또한 같은 양의 분진이라고 해도 크기가 작아질수록 표면적이 급증하기 때문에, 라돈과 다이옥신과 같은 유해 발암물질과 카드뮴, 니켈, 크롬, 납과 같은 유해 중금속 등이 표면에 많이 붙어 있게 된다. 따라서 이들 미세분진은 각종 유해물질을 사람 몸속 깊이 전달하는 운반체 역할을 한다.

지구상의 인간은 빛과 에너지를 태양에서 공급받으며 살고 있다. 태양광선에는 X - 선, 감마선, 자외선, 가시광선, 적외선 등이 있는데, 그 중 인간의 생존을 도우며 인간을 인간답게 만들어 주는 것이 가시광선이다. 인간은 눈을 통해 색깔을 볼 수 있으며, 멀리 떨어진 사물을 확인할 수 있다. 일반적으로 공기 중 가스상 오염물질은 빛을 흡수하며, 분진과 같은 입자상 오염물질은 빛을 산란시킨다. 특히 분진의 크기가 0.1 ~ 1.0 ㎛일 때 가시광선의 산란도가 최대가 되어 가시거리를 떨어뜨린다. 서울 등 대도시 하늘이 가끔 희뿌옇게 되어 수 km 앞도 볼 수 없는 이유는 이들 크기의 미세분진의 영향이 크기 때문이다. 이와 같은 여러 가지 대기환경학적 사유로 0.1 ~ 1.0 ㎛의 분진크기는 지구상 인간에게 '악마의 영역'이다.

■ 분진은 우리에게 어떤 영향을 끼치나?

공기 중의 분진은 인간에게 많은 도움과 해로움을 동시에 준다. 분진이 전혀 없다면 인간의 삶은 삭막 할 것이고 기후변화도 없을 것이며 궁극적으로 생존할 수도 없다. 거꾸로 분진의 양이 크게 증가할 때 역시 인간을 포함한 동식물들의 정상적인 활동이 크게 영향을 받는다. 실제로 과다하게 배출된 분진 때문에 여러 가지 환경오염 피해가 나타나고 있다.

1883년 태평양상 있는 크라카토아 섬에서 화산 폭발이 있었다. 화산재가 성층권 끝까지 솟구칠 정도로 커다란 폭발이었다. 당시 전 세계에서는 화산재, 즉 분진에 의한 태양광 산란으로 수년간에 걸쳐 멋있는 저녁놀을 볼 수 있었다고 한다. 많은 예술가들은 소설과 시, 그림을 통해 자연의 신비로운 조화에 갈채를 보냈었다. 최근에도 1991년 피나튜보 화산의 대폭발이 있었는데 지구상 곳곳에 멋진 놀을 선사하였다. 보통 저녁놀은 적당한 양의 분진이 태양광을 산란시켜 만든 자연현상으로, 공기 중에 분진이 전혀 없다면 일어날 수 없다. 반면 분진이 과다하게 많다면 모든 빛이 차단되어 저녁놀은커녕 태양은 지평선을 넘어가기 전에 사라지고 어둠이 일찍 찾아 올 것이다. 여러분은 서쪽 하늘에 붉은 저녁놀이 생기는 날 밤 공기와 다음날 아침 공기가 유독 상쾌하다는 것을 알고 있다. 이것은 우리나라에서는 대부분의 바람이 서풍(서쪽에서 동쪽으로 부는 바람)이고, 저녁놀이 낀다면 그나마 그 지역은 소량의 분진 때문에 상대적으로 깨끗하기 때문이다. 이때는 분명히 다음날 아침까지도 맑고 쾌적하여 운동하기 좋을 것이다.

서울을 포함한 대도시에서는 가끔 하루 종일 공기가 뿌옇고 햇빛이 약한 날이 있다. 이러한 현상을 시정장애라고 부르는데, 분진이 햇빛을 산란시켜 막기 때문이다. 특히 미세분진의 영향이 매우 크다. 서울에 서는 일년에 몇 번이지만 남산타워에서 35 km 떨어진 인천 앞바다를 볼 수 있다. 보통 분진이 없는 자연상태에서 가시거리는 230 km 정도 되는데, 남태평양의 일부 섬에서는 아침과 저녁 놀을 볼 수 없을 정도로 분진이 없다. 한때 미국의 그랜드캐년의 가시거리도 자연상태에 가까웠다.

분진오염은 도시규모에서는 시정장애 현상을 일으키지만, 지구규모에서는 태양에서 지구표면에 들어오는 빛과 에너지를 차단하여 지구의 온도를 낮추는 지구냉각화 현상을 일으킨다. 이는 최근 논란이 되고 있는 지구온난화 현상과 반대되는 개념이다. 학자들은 아주 오래전에 공룡이 멸종한 이유가 운석이 지구와 충돌해서 엄청난 양의 먼지가 날려 햇빛을 막고 기온도 떨어져, 식물이 광합성 반응을 못했기 때문이 라고 한다. 또한 대규모 화산이 폭발했을 때 지구의 기온은 떨어지는데, 실제 피나튜보 화산이 폭발했을 때 지구 기온이 다소 떨어졌다.

분진은 우리 생활에 여러 가지로 밀접하게 영향을 미치지만 가장 큰 것은 인체에 미치는 영향이다. 특히 크기가 2.5 ㎛보다 작은 미세분진은 사람이 숨을 쉴 때 코나 입을 통해 기관지나 허파에 들어가서 허파꽈리에 달라붙을 수 있다. 이때 여러 가지 호흡기 관련 질병 (기관지염이나 폐암 등)을 일으킬 수 있으며, 매우 작은 분진은 허파꽈리를 통해 혈관으로 들어가 순환기 질병 (동맥경화, 뇌졸중 같은)을 일으킬 수 있다. 한 연구 결과에 의하면 미세먼지 (크기가 10 ㎛ 보다 작은 분진으로 'PM_{10}'이라 한다) 농도를 5 ㎍/m^3 줄이면, 매년 인구 100만 명당 170명 정도가 덜 죽는다고 한다.

미세분진의 농도가 높아지면, 폐기능이 약화되어 감기와 천식이 악화되는 등 호흡기 질환 나타난다. 또 한 만성 기관지염과 함께 조기 사망에 이를 수도 있다. 보통 어린아이들의 공기 흡입량은 몸무게 킬로그램 당 50% 정도 어른보다 많다. 또한, 어린이의 호흡기는 아직 발달하지 않았기 때문에 건강한 어른보다 환경적인 위협에 더 영향 받기 쉽다. 미국의 연구결과에 의하면, 매년 수만 명의 노인들이 대기 중의 미세 분진 때문에 수명을 다하지 못하고 사망하는 것으로 조사되었다.

그밖에 분진은 여러분의 컴퓨터 하드디스크에 달라붙어 컴퓨터를 고장 내는 원인의 하나가 되기도 하며, 옷과 빨래, 건축물에도 달라붙어 얼룩을 만든다. 매년 더럽혀진 표면에 페인트칠을 하느라 많은 비용이 들고 있다. 공기 중에 떠다니는 분진은 결국 지면에 떨어지거나 바람에 실려 멀리 날아간다. 땅과 호수와 하천에 떨어지는 막대한 양의 분진으로 인해 또 다른 토양오염과 수질오염이 생길 수도 있다.

■ 분진의 농도를 줄이려면?

여러분이 숨 쉬는 공기 속의 분진을 줄이기 위해서는 우선 분진의 오염발생원이 무엇이고 거기서 어느정도 분진이 방출되는지를 알아야 한다. 우리나라에 영향을 주는 대표적인 오염원에는 기름, 석탄, 가스와 같은 화석연료를 사용하는 오염원(공장, 자동차, 난방과 요리), 외국에서 넘어오는 분진, 지역의 산업 활동에 의한 공장 연기, 흙먼지와 같은 비산먼지, 불법소각에 의한 연소행위, 황사, 산불, 바다에서 날아오는 미세한 소금 알갱이 등이 있다.

이와 같은 다양한 오염원 중에는 인간의 능력으로 줄이기 어려운 분진도 있지만 조금만 주의하고 노력한다면 충분히 줄일 수 있는 것도 있다. 예를 들어, 아직도 많은 사람들은 공장과 자동차에서 배출되는 연기, 냄새나는 검은 연기와 담배연기만이 대기오염물질이라고 생각하고 있는데, 이제는 동네의 낙엽 타는 냄새를 달콤한 커피 향과 고향의 냄새에 비유하지 말아야 한다. 또한 한순간의 낭만을 위해 거리낌 없이 자행되는 캠프파이어와 쥐불놀이가 우리의 공기를 탁하게 하고 있으며, 쓰레기 종량제 시행이후 도처에서 자행되는 불법소각이 분진오염의 주범 중 하나이다.

서울을 비롯한 일부 대도시에서는 천문학적 비용을 들여 경유차 버스를 천연가스(CNG) 버스로 바꾸었고, 경유차에 매연저감장치를 붙여 대기오염물질 저감에 노력하고 있다. 최근 비용대비 어느 정도 개선효과가 있었는지 많은 연구가 진행되고 있다.

한편, 비산먼지를 줄이기 위해서는 공사장에 물을 뿌리고, 도로에 청소차를 동원해 분진을 줄일 수 있으며 나무와 잔디를 심어 흙먼지 발생을 줄일 수도 있다. 마지막으로 다른 나라에서 우리나라로 들어오는 분진을 줄이려면, 그 나라에서 생성되는 오염물질을 줄여야만 한다. 이 문제는 국제적인 협력을 통해 장기적으로 개선하여야 한다.

승용차를 조금 덜 타고, 걷거나 자전거를 타거나 대중교통을 이용하는 것도 대기오염물질을 줄이는 좋은 방법이지만, 환경과학을 제대로 이해하고 공부하는 것도 중요하다. 나라마다 환경과 경제 수준에 따라 자기 나라에 알맞은 환경정책이 있다. 선진국의 환경정책이 후진국과 다른 점은 환경과학을 토대로 만들어져 합리적이며 융통성이 있어 모든 시민이 함께 노력한다는 것이다.

기후변화와 지구온난화

■ 기후변화란 무엇인가?

'기후변화'란 적어도 20 ~ 30년 이상의 기간 동안 수백km 이상의 지구적 규모에서 지속적으로 일정한 경향성을 보이는 기온, 강수량, 바람 등의 기상학적 변화를 말한다. 여러 빙하기와 간빙기의 과거 기록들을 통해 알 수 있듯이 기후의 변화는 지구의 역사동안 꾸준히 반복해서 발생한 현상이기 때문에 현재 일어나는 기후변화가 자연스러운 것으로 오해할 수 있다. 하지만 최근 100년간 전 지구적으로 나타나는 기후변화, 특히 지구온난화의 경향은 결코 자연적인 요인 때문에 발생하는 것이 아니라는데 대부분 의견을 같이 하며, 이를 반영하여 유엔기후변화협약 (United Nations Framework Convention on Climate Change) 에서 기후변화라는 용어는 인위적인 기후변화를 한정하여 지칭하고 자연적인 기후의 변화는 '기후변이'라고 구별하여 정의하고 있다.

우리의 기후 시스템은 권역별 (대기권, 수권, 지권, 생물권, 빙하권) 로 구분되는데, 각각의 권역은 서로 연결되어 있고 그 상호 관계에 따라 특정 기후가 결정된다. 상호 관계에 있는 자연계의 권역들 간에는 다른 권역에서 나타나는 일시적인 변화나 작은 충격을 완화시키거나 소멸시키는 완충 능력(되돌림 효과)이 있다. 예를 들어 기후시스템을 추가 달린 용수철에 비유해보자. 용수철을 대기권의 기후 그리고 추를 기후에 영향을 주는 모든 요인이라고 가정할 때, 외부 요인(힘)이 추에 일시적으로 가해지면 용수철은 이를 완충하기위해 반복적인 주기 운동을 한 뒤 결국은 다시 안정적인 원래 상태로 돌아온다. 그러나 굉장히 짧은 시간에 추에 많은 힘이 가해지면 용수철은 끊어지거나 돌이킬 수 없는 늘어진 상태로 된다. 우리가 지금 우려하는 이유는, 마치 용수철을 너무 빨리 그리고 크게 당기듯이, 기후가 돌이킬 수 없는 상태로 변해가고 있는 결정적인 증거들이 나타나고 있기 때문이다. 그리고 이것이 결정적으로 우리 인간들의 탓이라는 점과 그에 따라 수반될 엄청난 재앙에 대비할 시간이 정말 많이 남아 있지 않다는 점이다.

[참 고]

날씨(weather) : 우리가 일상적으로 경험하는 매일 매일의 기온, 바람, 비 등의 대기 상태를 말한다. 따라서 하루하루의 변화에 민감하게 작용하는 경험적이고 감각적인 특징을 지닌다.
기후(climate) : 수십 년 동안 한 지역의 날씨를 평균화한 것이다. 즉 장기간의 통계적이며 정량적인 수치를 일컫는다.

■ 기후변화와 지구온난화

과거에는 기후변화가 꼭 지구온난화만을 지시하는 것은 아니었다. 지구는 지금까지 몇 차례를 기후변화를 경험하여 왔다. 45억 년 전에 탄생한 지구는 약 10억 년 전에 광합성 생물체의 출현으로 인해 대기의

CO_2가 낮아지면서 기온이 떨어지는 현상을 겪었다. 수억 년전에는 대륙의 이동, 화산 폭발, 지각 변동등에 의해 대기 중으로 CO_2가 대규모로 배출되면서 다시 온도가 상승하다가, 이러한 지각 변동이 차츰 줄어들면서 지구의 온도는 안정화되었다. 그 후에도 지난 수백만 년 동안 지구의 공전궤도의 변화, 지구 자전축 각도의 변화 등으로 인해 빙하기와 간빙기를 반복하였고, 태양의 활동도에 의해서도 약 1,000년 주기로 빙하기와 간빙기를 반복하고 있다. 따라서 과거의 기후변화는 꼭 지구 온난화만을 지시하는 것은 아니었다. 특히 1940 ~ 1970년대에는 오히려 지구의 평균 기온이 낮아지는 경향이 관측되어 많은 과학자 들이 지구 냉각화를 우려했었다. 지구냉각화설은 인간이 배출하는 대기 중 먼지로 인해 지표면에 도달하는 태양에너지의 양이 줄어들어 기온이 낮아진다는 이론이다.

하지만 이제는 대부분의 과학자들이 앞으로 있을 기후변화는 지구온난화현상으로 나타날 것으로 믿고있다. 전 세계의 2500명에 달하는 기후 전문가들이 참여하여 2007년 2월 발표된 유엔정부간기후변화위원회(IPCC) 4차 과학 분과 보고서는 현재 기후변화는 지구온난화로 진행되고 있음을 분명히 확인하고 있고, 더욱이 이와 같은 변화가 인위적인 영향으로 발생하고 있을 확률을 90% 이상으로 제시하고 있다. 장기적으로는 인간이 배출하는 먼지에 의한 냉각효과보다 온난화 효과가 훨씬 더 심각하게 나타날 것을 다시 한 번 상기시키고 있는 점이다.

■ 지구온난화의 원인

지구온난화의 요인은 다양하게 존재한다. 이 중, 화석연료의 사용에 따른 이산화탄소 등 온실기체의 배출량 증가가 가장 중요한 요인으로, 산업혁명이전의 농도는 270 ppm이었으나 현재는 390 ppm으로 증가하였다. 이산화탄소 1 ppm은 공기 백만 분자 중에 1개의 이산화탄소가 있음을 지시하는 것으로 전체공기의 양에 비하면 정말 작은 값이다. 하지만 이들 이산화탄소가 없을 경우 지구 평균온도는 −20℃가 되어 우리를 비롯한 생명체가 살기 어려운 환경이 된다. 온실기체의 특징은 태양광선과 같은 가시광선의 빛은 흡수를 하지 않고 투과하지만, 지구 표면에서 배출되는 적외선은 흡수를 한다는 점이다.

지구 표면은 태양에너지의 가시광선을 흡수한 뒤 우리 눈에 보이지 않는 적외선 형태로, 흡수한 양과 똑같은 양을 지구 밖으로 배출한다. 이때 이산화탄소와 같은 온실기체가 일부 적외선 에너지를 흡수하여 온도를 높이는 것이 흔히 말하는 온실효과로서, 우리가 추울 때 이불을 덮는 것과 비슷한 원리이다. 온실기체의 증가에 따른 온실효과의 적절한 비유로 과거에는 2 cm 이불을 덮다가 현재는 3 cm 이불을 덮을 때의 상황으로 볼 수 있는데, 문제는 앞으로 이불이 점점 더 빨리 두꺼워진다는 점이다. 지금도 온도가 높아 걱정인데 이불이 점점 두꺼워질 것으로 예상된다면 심각한 상황이 아닐 수 없다. 이산화탄소외에도 다양한 온실기체가 존재하는데 메테인(CH_4), 아산화질소(N_2O), 염화불화탄소(CFCs), 오존 등이 포함된다.

토지 이용도의 변화와 인위적인 먼지 발생이 냉각효과를 주기도 하지만 1980년대 이후에 온실기체의 온난화 효과가 상대적으로 커졌고 앞으로도 그 차이가 더욱 확대될 것으로 추정하고 있다.

■ 지구온난화의 영향

지금 일어나고 있는 지구온난화가 매우 실제적이며 명확할 뿐만 아니라 앞으로 예상되는 피해는 더욱 우려할 만한 수준이라는 다양한 증거들이 우리에게 강력한 경각심을 준다. 20세기 동안 지구의 평균 기온이 0.7℃ 상승했으나 21세기에는 1.8 ~ 4.0℃ 정도 상승할 것으로 보인다. 이와 같은 기온 증가와 더불어 폭우, 가뭄, 폭염과 같은 이상 기상 현상이 더 빈번해지고 더욱 강력해질 것으로 예측된다. 특히 태풍이나 폭풍의 빈도와 세기가 더욱 강해져 이로 인한 홍수 등 직접적인 피해가 크게 증가할 것으로 예상하고 있다. 한편으로는 이미 온난화에 따른 해수면의 상승이 시작되었고 21세기 동안 해수면은 18 ~ 58 cm 더 상승할 것으로 예상되고 있다. 해수면 상승효과는 온도증가에 따라 물이 팽창하기 때문에 발생하는 기여율이 제일 크고 육지의 빙하, 만년설, 그린란드와 남극지방의 빙상 등이 녹아 추가적인 해수면 상승을 유발한다. 이 정도의 해수면 상승은 고도가 낮은 일부 태평양 섬들과 많은 항구, 비옥한 해안 농경지들과 주택 등의 침수를 가져오며, 이로써 전 세계적으로 8천만 명 이상이 이주할 필요가 있는 것으로 나타났다. 또한 기온 증가는 산림분포지역과 생태계의 변화

를 가져올 뿐만 아니라 많은 지역에서 이용가능한 수자원의 감소를 야기할 것으로 보인다. 현재 세계의 곡창지대로 알려진 지역에서 강수량 감소와 병충해 증가로 인해 식량 생산이 감소될 것으로 예상되고 있다. 인간, 가축, 농작물 등의 전염병 확산도 기온 증가와 함께 나타나는 일반적인 현상으로 인간 전염병과 더위로 인한 건강 피해가 현재의 2배 이상 증가할 것이다. 최근의 기후변화에 대해 가장 심각하게 우려하는 점은 현재 기후변화의 속도가 과거보다 수백 배 빠르다는 것이다. 과거 가장 급격하게 발생한 빙하기와 간빙기사이의 기온은 수만년에 걸쳐 수 ℃ 정도 변화가 있었던 것으로 알려져 있다. 하지만 최근 100년 동안 일어나고 있는 현재의 기후변화 추세는 지난 만년에 걸쳐 나타나는 변화의 속도보다 매우 빠를 뿐만 아니라, 앞으로 있을 100년 동안의 변화는 이보다 2 ~ 10배 더 클 것으로 예상되어 지구온난화의 영향이 지구가 지금까지 한번도 경험하지 못한 중대한 변화를 줄 것으로 보인다.

■ 지구온난화와 한반도

기후 전문가들은 지구온난화의 최대 피해지역은 아시아가 될 것으로 예측하고 있다. 실제 지난 30여년간의 우리나라에서 관측된 온난화 속도가 지구 전체의 평균 상승률보다 2배 정도 높게 나타나고 있으며, 빈번해지고 강력한 기상재해 등을 통해 이미 우리는 온난화 영향을 심각하게 경험하고 있다. 더구나 최근 연구들에 의하면 21세기에는 한반도의 기온이 현재보다 4 ~ 5℃ 더 증가할 것으로 예측하고 있어 앞으로 이와 같은 급속한 기온상승으로 집중호우 및 태풍이 빈번하게 발생하여 막대한 인명 및 재산상의 피해가 더욱 확대될 것으로 우려하고 있다. 또한 기상재해와 더불어 열대 전염병의 발생에 따른 인명 피해가 증가할 것으로 예상되고 있다. 한반도에서의 기온 증가와 더불어 현재보다 20% 정도의 강수량 증가가 예상되지만 강수일수는 오히려 감소할 것으로 보인다. 이는 집중 호우가 증가하여 평상시 이용가능한 물은 지금보다 감소할 것이다. 기온 증가로 다모작 농사가 가능하지만 이용가능한 물의 부족과 수질오염, 아열대 또는 열대 잡초가 침입하거나 토착잡초가운데에도 월동가능 잡초가 크게 늘어 잡초방제에 어려움이 예상되고, 작물의 병충해 피해는 보다 다양해지고 빈번해지므로 농작물 생산은 오히려 15% 정도 감소할 것으로 예상되고 있다. 기온 증가로 온대성 식생대의 급격한 파괴가 나타나지만 아열대성 식생이 이를 대체하는 시간이 오래 걸려 산림의 급격한 감소도 예상된다. 우리나라 주변 해안에서는 해수면 상승속도는 지구 평균 보다 높은 것으로 확인되었고, 21세기 안에 40 ~ 60 cm의 해수면 상승이 발생하여 경사가 완만한 서해안과 남해안에서는 침수가 발생할 것이고 우리나라 인구 백만 명 이상이 영향을 받을 것으로 추정하고 있다.

■ 지구온난화에 대비한 우리의 할 일

현재 진행되고 있는 지구온난화의 심각한 경고에 대비할 일은 가장 빠른 시간에 가장 효과적으로 지구온실기체의 배출을 줄여 지구온난화의 속도를 줄이는 일이다. 이를 위해 미국을 제외한 선진국은 2005년 2월 16일 교토의정서를 공식 발효하여 배출권거래제도 및 청정개발체제를 통한 온실기체 감축을 의무화하고 있으나 감축효과는 현재의 6%에 지나지 않아 당면한 온난화의 진행을 저지하기에는 역부족이다. 당연히 우리는 지구온난화에 대한 적응대책을 준비해야하고 당장 준비하고 실천해야한다. 따라서 온난한 기후 및 기후변화에 적합한 농작물 품종을 개량하거나 선택하여 농업생산을 안정화시키고 여름철에너지 수요의 급증에 대비하는 에너지계획을 수립할 필요가 있으며, 궁극적으로는 온실기체 감축 및 재생 에너지 기술 등을 최우선적으로 개발할 필요가 있다. 우리가 처한 위기에 적극적으로 대응을 하기 위해서는 궁극적으로 교토의 정서보다 더욱 강력한 온실기체 감축노력이 필요하며 이를 위해서는 우선적으로 시민의 의식 개혁이 필수적이며 국가적으로는 산업 및 경제구조의 전반적인 변화가 필요하다. 지금까지 대부분의 온실기체를 배출한 선진국에 더 많은 노력과 부담이 돌아가는 것이 당연하나, 에너지 소비 11위의 우리나라도 이제는 더 이상 방관자적인 자세에서 벗어나 우리 다음 세대의 미래를 지키기 위해고통스럽지만 온실기체의 저감을 위해 노력하고 행동하는 것이 필요하다. 국민 한 사람 한 사람이 자신의 생활 속에서 할 수 있는 일로 한 등 끄기, 에너지효율이 높은 가전제품이나 전구의 사용, 가정에서의 취사나 냉-온방시 에너지의 효율적 사용, 재생에너지의 적극적 활용, 생활 용품의 재활용, 생활용수의 절약, 에너지 효율적 운전습관, 대중교통의 이용 등이 있으며 이런 실천만을 통해서도 국가적 차원에서 앞으로 감당할 온실기체 배출 삭감목표에 많은 부분에 기여할 수 있다.

맺 음 말

갑자기 정전이 된다면 우리의 일상생활은 어떻게 될까? 우선 도시지역에서 대중교통의 가장 큰 수단인 전철이 멈출 것이고, 도로의 교통신호등이 꺼져 교통이 마비될 것이다. 가정과 학교, 직장에서는, 컴퓨터, 텔레비전, 냉장고, 에어컨 등 각종 전자기기 및 가전제품의 사용이 불가능하게 될 것이다. 또한, 공장 등 산업현장에서는 모든 제조라인이 중지되어 정상적인 생산활동이 불가능하게 될 것이다. 이처럼 에너지를 공급받지 못한다면, 우리의 생활은 상상하기 힘들 정도로 불편해지고, 인류 문명은 잠시도 유지될 수 없다.

나라별로 전력생산에 쓰이는 에너지원의 구성에는 차이가 있으나, 현시점에서 세계적으로 구성비가 가장 큰 에너지원은 화석연료이다.

하지만 앞서 제1장에서 설명한 바와 같이, 화석연료를 많이 사용하면, 많은 대기오염물질이 배출되어 우리들의 건강에 유해할 뿐만 아니라 지역 및 지구규모의 각종 환경문제를 발생시킨다. 따라서 우리들은 매장량이 유한한 화석연료를 아끼면서, 최대한 효율적으로 이용하기 위해 노력하여야 한다. 또한, 이미 파괴된 환경을 개선하기 위해서는 에너지 이용방법이 친환경적으로 바뀌어야 한다.

에너지 절약을 위해서, 우리가 해야 할 일들은 어렵고 복잡한 일들이 아니다. 보지 않을 때는 텔레비전을 끄고, 쓰레기를 분리수거 하는 등 너무나 쉽고 간단한 일이다. 그런데도 우리가 이런 것들을 실천하지 못하는 이유는 무얼까? 에너지 문제에 대한 관심이 부족하고, 이 지구가 나의 것, 우리의 것이라는 주인의식이 부족한 탓이 아닐까?

이 책에서는 생활주변에서 손쉽게 얻을 수 있는 재료를 이용하여, 초등학교 저학년부터 성인에 이르기까지 폭넓은 학습자가 자신이 직접 제작 가능한, 간이적인 에너지환경 실험 모델장치를 제안하였다. 또한, 피교육자가 직접 제작한 모델 실험 장치를 사용한 실험 및 환경교육을 통하여, 현재 세대는 물론 미래의 주역이며, 차세대의 에너지·환경문제의 파수꾼인 청소년들에게 환경에 대한 올바른 인식을 갖게 함으로써, 그들의 건전한 인격형성은 물론, 우리가 당면하고 있는 현재의 환경문제를 해결하고, 나아가 미래에 더욱 심각해질 환경문제를 예방하여 쾌적한 환경을 누리는데 조금이나마 기여할 수 있을 것으로 생각된다.

또한, 이 책에서 소개된 각종 에너지환경 모델 실험 장치는 교육자가 교육현장에서 에너지 환경문제에 대한 학생들의 이해력을 향상시키는데 크게 도움이 될 수 있으리라고 여겨진다.

끝으로, 제6장의 아이디어를 제공해주신 국립환경과학원 임재현 박사님과 책 발간에 후원을 아끼지 않으신 (사) 한국대기환경학회 김동술 회장님께 감사의 말씀 드립니다. 그리고, 시종일관 진심어린 마음으로 원고 감수에 노고를 아끼지 않으신 동남보건대학교 환경보건과 신은상 교수님께 크나큰 감사의 마음을 전합니다.

2015년 5월

지은이 마 창 진

〈'에너지 · 환경 문제 실험교실' 활용 안내〉

'에너지 · 환경 문제 실험교실' 저서와 관련하여 실험지도 및 모델장치 제작을 원하시는 학교나 환경관련 단체는 아래의 내용을 참조하여 연락을 주시면 초중고등 학생들에 대한 에너지 · 환경문제에 대한 올바른 이해를 위하여 강의 및 실험지도에 대하여 직접 찾아가서 성실하게 도움을 드리도록 하겠습니다.

· 연락처

① 한국대기환경학회(http://www.kosae.or.kr)
서울특별시 종로구 사직로 102(필운동) 204호(신동아블루 광화문의 꿈)
사무국 : 02-387-1400(FAX 02-387-1811),
E-mail : webmaster@kosae.or.kr

② 동남보건대학교 환경보건과 신은상 교수(공동 연구자)
경기도 수원시 장안구 천천로 74번길 50
과사무실 : 031-249-6459, 6454(FAX 031-249-6450),
E-mail : sylphs@dongnam.ac.kr

· 실험지도 시 사용되는 모델장치 및 자료

① 화력발전 모델장치
② 지구온난화 모델장치
③ 산성비 모델장치
④ 각 주제에 대한 PPT 및 동영상 자료

색 인

ㅊ

ㅌ

ㅍ

ㅎ

누구나 알 수 있는

에너지 · 환경문제 실험교실

2015 년 5 월 29일 초판 발행

지은이 / 마 창 진
발행인 / 윤 진 영
발행소 / 도서출판 대학서림

(110-530) 서울시 종로구 혜화로 2길 8
(혜화동 78-2)
전 화 / (02) 763-1220 744-2811
FAX / (02) 744-1210
등 록 / 1965. 1. 20
번 호 / 1-88
ISBN / 978-89-6940-094-9 93530
www.daihaks.com

정 가 / 15,000원